湛庐 CHEERS

与最聪明的人共同进化

HERE COMES EVERYBODY

美感是最好的家教

子どものセンスは夕焼けが作る

[日]山本美芽 著
花花美志 译

浙江教育出版社·杭州

前　言
子どものセンスは夕焼けが作る

美感来自好的习惯

目前，家长们对于语文、数学、英语这类旨在提高孩子学习能力的学科十分重视。作为一个两岁女孩的妈妈，我也希望自己的孩子拥有良好的学习能力。但除此之外，站在一个音乐专栏作家的立场上，我认为对孩子进行"感知力"的教育同样重要，甚至可以说它是孩子获得学习能力的基础。

我一直试图从音乐的角度探讨"如何才能最大限度地挖掘人的潜能"。

在做音乐专栏作家的近十年中，我采访了数百位活跃在古典乐、爵士乐以及融合音乐一线的专业演奏家、作曲家。在此过程中，我与很多音乐家建立了密切的联系，只要我有疑问，他们都会悉心解答。

除此之外，我还有幸采访了日本具有代表性的顶级钢琴老师和中小学音乐老师，体验过他们的现场表演，以及课堂氛围。

与这些身处艺术巅峰的人面对面交流，不仅让我增加了很多知识，更有很多让我惊呼"原来如此"的时刻。通过这些采访，我对于"如何挖掘人的潜能"这一问题不断产生新的认识。

要想在一个领域做到领先，必须掌握熟练的基本功。然而打好基础之后，至关重要的就是创造力。

那么创造力来自哪里呢？在与众多音乐家和教育家的交谈中，我得出了结论：创造力来源于敏锐的五感与久经磨砺的对美的感知力。创造力来源于你的追问——"把这里改一下会有什么不同？"创造力来源于你能感受到的色彩、造型、声音的细微差异。

回想过去，无论在为了成为钢琴家而终日苦练的少年时代，还是在钻研音乐教育理论和历史的青年时代，我对于培养美感这件事都缺乏重视。

美感无法轻易获得，它需要在日常生活中踏实地磨砺与积累。而当时的我，对于收效慢的练习缺乏耐心。

前　言

但是，经过深刻的反思，我认识到花费一二十年来培养美感是很有必要的。经年累月培养出来的美感是一个人无法被轻易撼动的宝贵资产，它能在任何场合帮助到你。

我想，每个妈妈都想让自己的孩子拥有好的美感。不过，我们要知道美感的培养不能操之过急，而是需要从小不断练习。

然而，只要父母付出了努力，孩子的美感就能得到提升吗？

如果想让孩子对美的感知力达到世界级艺术家的水平，只靠父母的引导当然是不够的，还需要孩子自身的才能和机遇。不过，如果想要丰富孩子的感知力，确实可以通过日常环境的打造和习惯的养成做到。

我发现，优秀的音乐家和教育家们，都十分强调在日常生活中磨炼感知能力，因为这对于他们进行一流的演奏和准确的指导至关重要。

我的女儿出生后，我一边体验着初为人母的快乐，一边应对着各种各样的烦恼。在这个过程中，我的脑海中总会浮现出曾经采访过的某位吉他演奏家的练习方法，或是某位钢琴家家里的陈设等。在日常的育儿过程中，我也不断实践着那些在采访中的所见所闻，陪孩子一起专注地眺望夕阳就是其中之一。

因此，我发现了很多好方法，它们不仅可以磨炼孩子的美感，还能把妈妈从原本需要极大忍耐力的育儿过程中解救出来。回过头看，我在让孩子养成可以提升美感的习惯的同时，也享受着由此带来的愉快而充实的亲子时光。

实际上，音乐家从事的活动和育儿有很多相通之处。比如，这两者都没有通行的标准，也没有明确的目标和答案。并且，一旦决定去做，其间没有人会称赞你，就算辛苦也不能中途放弃。即便可以寻求帮助，但是对最终结果负责的人只有自己。两者都只能在孤独而又漫长的路上屏息前行，但最终都不一定能得到期待的成果……

为了克服这个问题，比起发奋图强地一一攻克难关，更重要的是培养孩子的日常习惯，为他创造好的氛围，让孩子的感知力在这个过程中自然而然地得到提升。这是更轻松、更持久也更有效的方式。

可能有人会担心："那些专业人士培养审美习惯的方法一定又贵又难，普通人很难做得到吧。"

但实际上，很多方法都简单到让人惊呼："原来他们是这么做的！如果是这样，说不定我也能做到。"而且，这样的方法还不少，数量多到汇集成了你手上这本书。

前言

虽然等到女儿长大后再写这本书也未尝不可，到那时，这些培养习惯的方法也已经得到检验，但是，作为一个职业的音乐专栏作家，如果把好的内容据为己有，我会感到深深的愧疚。我想尽早向不知所措的妈妈们说："这些是孩子的心灵需要的营养，不要再踌躇了，去做吧。"

希望大家不要误会，我在这本书中讲述的培养习惯的方法，并不是全部非做不可。这本书的作用是给那些想做美育，但心中有所顾虑的家长们一颗定心丸。当你存在下面这些疑惑时，比如，"孩子的教育花费尚且需要筹措，为了这些事花钱，是不是太奢侈了？""我的时间有限，没用的事情就不必做了吧。不过，不做这些事真的可以吗？"……希望看了这本书能给你信心，让你明白：美育能给孩子补充心灵的营养，是很重要的事，应该马上去做。

的确有些培养美感的方法十分耗费金钱和时间，但同时也有一些方法，只需要很少的花费，通过在日常生活中培养孩子的习惯就能收到效果。这些习惯就像层层叠放的薄薄的纸张，只要不停重复、日积月累，改变就会显而易见。

据说，十岁之前是为孩子的五感发展打好基础的重要时期。如果在这之前养成这些好习惯，那么有了这样的基础后，孩子的美感就会自主、稳步地发展了。

　　而且在十几岁时，孩子们有着成年后无法比拟的旺盛的吸收能力，就算在此之前只养成了一个激发感知力的习惯，日后也一定会有成果。

　　读到这里你可能会想，如果为了提高感知力要 24 小时不断地努力努力再努力，这还是让人后背发凉、很有压力。但实际上，这些方法的学习过程都是轻松愉快的。

　　接下来就向大家介绍我发现的切实可行的"可以提升美感的日常习惯"。

目　录
子どものセンスは夕焼けが作る

测一测　你知道如何培养孩子的美感吗？

第 1 章　改变家中的景致　　001
鲜花，仿佛是种镇静剂　　003
每种花的质感不同　　005
生活不能没有森林　　010
透过画作你看得更远　　013
玄关的鞋子要摆整齐　　015

第 2 章　彩色心情　　021
你看，夕阳真美　　023
苹果不只是红色的　　026
70 色的彩笔不奢侈　　031

美感是最好的家教
子どものセンスは夕焼けが作る

第 3 章　培养乐感　　　　　　　　039

　　乐感从儿歌开始　　　　　　　041
　　边听边唱边开心　　　　　　　044
　　古典乐也要唱起来　　　　　　047
　　慢慢地练习假声　　　　　　　051
　　随口哼唱最美妙　　　　　　　053
　　为音乐会做准备　　　　　　　055

第 4 章　品味质感　　　　　　　　061

　　触及微妙的大自然　　　　　　063
　　五感本相通　　　　　　　　　065
　　质感究竟是什么　　　　　　　067
　　为什么冷豆腐要装在深色的盘子里　071
　　声音也分"亮面"和"雾面"　　075

目 录

第 5 章 **重视游戏** 079

游戏提高感知力 081
敲碗也是游戏 084
可以 DIY 的乐器 086
选择乐器，音色第一 088
传统游戏不能少 092

第 6 章 **漂亮妈妈培养美好孩子** 097

辛苦的时候去跳舞 099
像新娘一样光彩照人 101
每月至少理一次发 105
外出用餐，恢复元气 108
品尝他人为你做的饭 111
好妈妈需要好体力 114

第7章 制作"感官抽屉" 121

努力吸收更多的才艺 123
循序渐进地充实"抽屉" 125
搭建"山"型"感官抽屉" 127
去不同的地方长见识 129

第8章 打造魅力光环 135

有气质的人是什么样的 137
让好姿态成为习惯 139
精确拿捏音量和语速 143
音乐家的敏锐五感 147

第9章 绝口不提"没有钱" 153

不向先决条件低头 155
好品味在于平衡 157
动脑筋让梦想实现 160
寻找性价比高的"实力派" 164

目 录

第10章 善用嫉妒心   **169**

没有嫉妒会很轻松   171
不是好，而是精彩   175
巧用竞争   178
把"打针"变成"泡芙"   181
并非培养了就能成才   185
拓宽视野的诀窍   189

第11章 保持平静的心情   **193**

紧张的话就大笑一下   195
重视日常用品   200
要适时地鼓掌和赞美   203
尽量不说"不行"   205
用大喊驱散压力，勇往直前   209
建造心灵庇护所   211

后 记   **215**

你知道如何培养孩子的美感吗?

扫码鉴别正版图书
获取您的专属福利

- 给孩子选择画画用的彩笔时,颜色越多越好吗?
  A. 是
  B. 否

- 选择玩具乐器时,家长只要关注是否是正规厂家制作的就可以了,不用太在意音质,这是对的吗?
  A. 对
  B. 错

扫码获取全部测试题及答案,
看看如何培养孩子的美感。

- 孩子弹琴时,家长以下哪种表述更能激发孩子的创造力?
  A. 你这首曲子弹得很好听!
  B. 刚才这首曲子,有一小段弹得很不熟练。
  C. 刚才的感觉是舒缓的,那么现在能不能表现出轻快的感觉?
  D. 你刚才的音符弹错了吧?

美感是最好的
子どものセンスは夕焼けが教える
作家

第 1 章

改变家中的景致

第 1 章　改变家中的景致

鲜花，仿佛是种镇静剂

这一年里，我一直在家里的餐桌上摆放鲜花。这个习惯的灵感来自一次采访，当时采访地点的整个房间到处都是鲜花。

那次的采访对象是日本一位颇具名气的女性钢琴家，我有幸去了她精致的公寓。在她摆放着三角钢琴的客厅里，四个角落都装饰着偌大的香水百合花，我被这花朵深深吸引。百合花每捧有五六朵，每捧花的宽度大约有 70 厘米。它们被豪爽地放置在桌子上或房间的角落里，十分迷人。房间中弥漫着淡淡花香。

我在询问后才知道，这些花并不是为了今天的采访特意准备的，她的公寓一年四季都是这样装饰的。

对于一个钢琴家来说，待在家中练琴就是他们的工作。在一个有鲜花盛开的房间练琴，心境确实会有变化，那么，在这样的房间能弹奏出不一样的音乐就一点也不奇怪了。

回想我自己家的情况。女儿出生后，出门采购就成了一个大工程。我一直没有闲情逸致来买花。那么，每天在餐桌上摆放鲜花，到底会不会影响人的心情呢？我决定来验证一下，反正把花摆放在餐桌上，换水十分方便。我想，不必非用香水百合那么名贵的花，超市卖的普通花朵也可以。就这样，我用康乃馨、小雏菊或黄百合之类的常见鲜花，开启了我们有鲜花为伴的生活。

实际试过之后，我发现效果好得惊人。一个简单的改变是，就算只在瓶中插上一朵鲜花，也会让人的心情在不知不觉间变得宁静。鲜花就像是一枚精神上的镇静剂。

慢慢地，我开始注意到鲜花四周的杂物，从而产生了收拾的念头。把桌子整体收拾干净后，生活环境变得更加清爽了。另外，我女儿吃饭时经常挑食，或者摆弄食物、碗筷。虽然知道自己应该冷静对待，但我总是控制不住自己，甚至会大动肝火。

然而，有了鲜花，同样的情况却会朝着不同的方向发展。比如，当我忍不住想要发火时，我会把她的注意力转向桌上的鲜花，我会和她说："看呀，那粉色的花真好看。"她会反问我："粉色的花？""是呀，这花的名字叫康乃馨。"我回答。随后，我们俩会四目相对，异口同声地说道"真漂亮呀"，同时脸上洋溢着幸福的微笑。

当然，我并不是说只要有鲜花装饰，就不会有矛盾升级，就不会出现那种大人责怪孩子"不要太过分了"而孩子尖叫着回应"呀——"的让人头痛的情景。

只是，以前我也曾迟疑，有钱买花，不如把钱存起来当作孩子的教育基金，而现在我认识到，对于在育儿过程中强忍着内心压力的妈妈来说，花可是十分重要的心灵养分。

每种花的质感不同

在家里装饰鲜花半年后，我注意到自己的另一个变化。每天在给花换水的时候我总是会一面思忖着"花儿们还能这样保持多久",一面观察它们的状态。就这样,我对花朵的盛放与凋零更加敏感。也许正是因为每日的驻足观察,花儿们那些微妙的变化都逃不过我的双眼。

在吃饭或者发呆的时候,花总会自然地映入我的眼帘。用这么长时间持续地观察一种花,你会对它的质感和色彩有实实在在的感受。

比如,香水百合的花瓣稍厚,上面有一些褶子,气味浓郁香甜但不腻,色泽莹亮,像是散发着光芒;非洲菊有坚挺的花瓣和茎叶;天鹅绒葵有毛茸茸的雾面花瓣……

如果能快速分辨"哪种花是哪种感觉,具有何种质感、质地",就能把它们放进自己的"感官抽屉"中了。"感官抽屉"是本书中的重要概念,在后文会重点介绍,简单来说它就是感知和记忆的仓库。

当然,在日常生活中就算不刻意学习,我们也能吸收很多知识。但是,如果你想要拥有收集了不同花朵质感和香味的"感官抽屉",还是要靠更多的悉心观察。

我们脑海中的这些"感官抽屉",将会在很多意想不到的地方派上用场。

比如,在一次夏季服装特卖会上,我看到了很多款式类似的白色T恤。这时候,衣服的光泽、布料肌理的粗细、颜色是白色偏蓝还是白色偏黄等，这些判断标准就在我脑中自动运转起来。通过养花过程中的观察，我知道自己的皮肤更适合有光泽、质地不是很密的白色偏黄的料子。于是事情就变成，我只要在这些白色T恤中找到符合以上标准的衣服就可以了。以前看到这些衣服时，我是完全无法区分的。只有真正试了才知道"这件衣服不适合我"，但是究竟哪里不合适，我又说不出来。正是因为有了"花"这个"感官抽屉"，我才有了这样的转变。

建立"感官抽屉"是很好的锤炼感知力的方法。通过运用五感感受事物再把它们的样子收录起来，在无意识的观察中，"感官抽屉"就会建立，观察力也会随之提高。

女儿每次看到我买回来的鲜花就会说："啊，花朵又变精神啦。"有一次吃饭时，女儿一边看着花一边用手指着硕大的黄色非洲菊说"这是爸爸的花"，接着指着小小的白色土耳其风铃草说"这是妈妈的花"，最后指着最小的千日红说，那是她自己的花。"这样啊！"我一边点头一边回应道，心里涌出不可思议的暖意。

花具有抚慰心灵的力量。由钢筋水泥建造而成的房子装饰了鲜花就会变得更加柔和，给人安宁的感觉。自从养成了在家里装饰鲜花的习惯，我开始想方设法买到更实惠的鲜花。正因为挑选的经验增多了，我看花的眼光也慢慢变高了。

超市卖的鲜花相对便宜，大多300～500日元[①]一束。而在不同的超市，花束的搭配方式也不同，有的很好看，有的却不敢恭维。

东京市中心的青山花店是一家鲜花专营店。店里有各式各样的鲜花，这家店的花束中所用的很多花在超市里也经常能看到，但由于花朵的配色、质感和组合方法的不同，这家店的花束展现出十足的品味。

今年5月，有一次我路过家附近的活动中心，看到售卖的香水百合苗一株只要200日元，和花店700日元一支的价格相比便宜了不少。

我开心地盘算着："花苗的价格这么便宜，就算买很多也划算啊，这样花开后香味就能充满整个房间了。"

但仔细看过之后我发现，种一株香水百合苗大概需要30平方厘米的土壤面积，我们家的花坛只能种两株。于是我的想象落空了，不过好不容易遇到这么便宜的花苗，我还是买了两株。

---

① 人民币1元≈17.793日元，不同时间的汇率会有波动。——编者注

第1章 改变家中的景致

回到家后,我用小铲子几经填挖,把买来的花苗栽进了花盆。不到两个月,最初只有15厘米的幼苗竟长到了50厘米。到7月的时候,它长出了7个花苞。顶端的花苞绽开时,我和女儿围着它惊叹道:"啊,花开了呀!"

这些花开了之后我只剪过一朵,因为觉得用养了两个月才长出来的百合花装饰屋子实在太可惜了,希望它明年还能再长出来。这让我重新认识到,养花需要同时考虑时间和空间两个要素。比如,如果要保持花瓶中一年四季鲜花不断,那么种植这些鲜花至少需要十张床那么大的花圃,而且需要在不同的季节种植不同的花。

我也时常提醒自己不要忘记,这些平常用钱买来的花,都是在他人的呵护之下,从幼苗开始拼命生长而来的。

女儿3岁后,开始不停地问"为什么",就像她的口头禅一样。当她看到枯萎的花朵时也会问:"花为什么会枯萎呢?"这个问题并不容易回答。如果我告诉她"只要是生命就会死亡"似乎有些深奥,究竟该如何回答她着实让我犯难。我最后的回答是:"花是会一点点枯萎的,为了让它能开得更久一些,我们要每天为它们换水哦。"

在家里装饰鲜花,不仅让我知道了"房间里有漂亮的花朵能使人心情平和",还让我产生了很多额外的感受和思考。

生活不能没有森林

不只是花,房间里有绿色植物也会使人心情舒缓。植物越大当然越能为环境添彩,但即便是在房间里装饰小小的盆栽,给人的印象也会全然不同。

为了完成《苹果不是红色的》这本书,我跟踪采访了日本知名的美术老师太田惠美子,还深入体验了她的美术课。

太田老师在指导少儿美术作品方面拥有非凡的能力,她的学生接二连三地获得全国美术比赛的奖项。她还担任日本"全国阅读感想画大赛"[①]的评委会会长,是十分出色的儿童绘画指导老师。

当你踏入她的美术教室,映入眼帘的是窗前从天花

---

① 全国阅读感想画大赛是一项鼓励孩子们用绘画表达阅读感想的活动,旨在培养孩子的阅读能力和表达能力。——译者注

板上倾泻而下的黄金葛的叶子，足有十几株。绿叶十分繁茂，像是绿色的窗帘。此外，窗台上还有一排盆装的红色、粉色天竺葵。一排是多少盆呢？不是 5 盆也不是 10 盆，而是紧紧排列着的三四十盆，简直就像花田一样。

除此之外，教室的四个角落还放着各种各样高得触及天花板的盆栽，无论哪一株都生机勃勃。

太田老师的美术教室就像一个酒店大厅一样，让人感到轻松、舒适。这大片的"绿色"使得一个公立中学的普通教室变得与众不同，更有了一种治愈人心的力量。

孩子同样能感受到环境的舒适。据说很多孩子说过"一来到美术教室整个人都放松了""一来到这儿，人就不烦躁了"。我在采访挪威籍爵士歌手西莉亚·娜嘉（Silje Nergaard）时，她也曾谈及森林是她创作灵感的重要来源。她以一首《告诉我你要去往何方》（*Tell me where you're going*）在 20 世纪 90 年代的日本歌坛初露锋芒。

她现在主要在欧洲和北美洲进行表演，平时却住在奥斯陆郊外森林的家中，那里同时也是她的小型工作室。在那里，她与她的家人住在一起。她说，为了创作，"独自走在森林中，凝视自己的内心"是极其重要的。

在冬天她都会穿着防滑靴在积雪的森林中散步，更别说是夏天了。她曾在伦敦小住，正是那时她深感"自己需要森林"，于是，她重新回到了挪威从事音乐创作。

大多数人一接触到绿色的树木，心情都会变好。这是为什么呢？我听说过这样一种说法，因为人类的祖先曾经生活在树上，所以，绿色会让我们感到安宁，这是一种本能。

当然，房子确实是由人创造出来的人工的空间。想要把它变得更有人情味有很多方法。然而，与其用价格高昂的软装来装饰，或者把它收拾得一尘不染——像样板间一样，还不如让它在色彩和质感上更接近自然。

我们家的客厅窗边放着一小盆仙客来，厨房也装饰着一小盆从小商店买来的长春藤。

偶尔，我会糊里糊涂地忘记浇水，客厅的沙漠玫瑰就会枯萎。有一次，一位妈妈送孩子来我家学琴，看到枯萎的花说道："哎呀，真可惜。我记得这花一直都开得很好，怎么枯萎了呢？"

虽然花朵枯萎了真的很可惜，可也正是这位妈妈边望着花边感叹着"以前它多漂亮啊"的神情，让我明白了，"绿色"果然是很重要的。

顺便说一句，我把沙漠玫瑰枯萎的叶子全都摘除并扔掉了。3个月后,新的叶子又长了出来。

透过画作你看得更远

除了花和绿植,我还推荐用画来做装饰。

为什么说用画做装饰也很好,那是因为画可以扩展房间的视觉空间。

在太田惠美子老师的美术教室中,除了窗边满满地摆放着绿色植物和花朵,墙上也几乎挂满了学生们色彩斑斓的画作,柱子上,走廊里,到处都是。

学生们的作品都拥有巧妙的构图、漂亮的色彩,显示出极强的视觉冲击力。平时看着这些画,观察着自然,这些富于美感的熏陶成了学生们画画时重要的灵感来源。

太田老师刚开始教学时,并没有像这样的学生作品。那时她会不断收集印有名画的海报,并把它们贴在教室的墙上,让学生观赏好的画作。

我出于采访的原因到过很多音乐家的住所。他们家中大多装饰着极具个人风格的绘画、卷轴或书法作品。

有趣的是,那些在国际上很活跃的音乐家对美术作

美感是最好的家教
子どものセンスは夕焼けが作る

品的喜好风格迥异。有的喜欢具有欧洲特色的作品，有的则喜欢浮世绘、日本画[①]或者书法等日本传统书画作品。

在家里的墙上贴满画作似乎不太现实。很多家庭出于各种原因不在墙上挂画作为装饰，最常见的是由于租房，不便往墙上钉钉子。但是，即便只是把印有画作的明信片装进相框后摆放在家里，或者把印有名画的海报贴在墙上，房间的氛围也会大不相同。另外，把日历装裱起来做装饰也是一种方法。

虽然我们家也装饰着不少画作，但是我女儿还是更喜欢她外婆家里的那幅埃德加·德加笔下的《芭蕾舞女》。每次到了外婆家，她都会站在画前面说"这个姐姐是这样的"，边说边学着芭蕾舞演员的动作把一只脚抬起来。

前几天我在电视上看到了维也纳美泉宫的影像。其中有一个房间叫作"庭园之室"。虽然我曾去过美泉宫，但是由于这个房间一般是不对游客开放的，所以我还是第一次看到这个房间内部的样子。它的墙壁上画着天空、植物和鸟。身处其中，会让人产生错觉，以为自己是在森

[①] 浮世绘，流行于江户时代的风俗画、版画。日本画指日本的传统绘画，广义的日本画包括岩彩画、水墨画、浮世绘等，狭义的日本画则指的是岩彩画。本文中是狭义的用法。——译者注

林里。

另外，在巴黎的马摩丹莫奈博物馆里有一个圆形的房间，它的墙壁是用莫奈的著名巨幅画作《睡莲》来装饰的。一走入这个房间，就仿佛被睡莲包围着，这是一种很神奇的体验。

呼吸的空气都仿佛带着不同的香气和湿润的感觉，有一种很奇妙的感受留存在心底。这就是一种"以画扩展空间"的极致体现啊！

玄关的鞋子要摆整齐

太田老师在讲调查学习的课程时，通常会把上课地点选在图书馆。所谓"调查学习"，就是在画画之前围绕绘画的题材查阅各种各样的资料，进行全方位的调查活动。

进入图书馆的时候，学生们都需要脱掉鞋子。这时，太田老师一定会一边说着"千万要把鞋子摆好"，一边在旁边监督。如果学生把鞋子摆好了，她就会说："做得真好。"太田老师始终非常关注这件事。因为她坚信，在孩

美感是最好的家教
子どものセンスは夕焼けが作る

子们用心摆放好鞋子的同时，他们的注意力和观察能力也能得到锻炼。

被称为"王牌体育老师"的原田隆史老师，也会要求学生必须把鞋子摆放整齐。

原田老师曾任教于大阪市的松虫中学，这所中学一度被人们认为"糟糕到极点"。然而原田老师任教不久后，在一次田径比赛中，松虫中学的参赛学生在13个个人项目中打破了日本纪录，足见原田老师的指导能力是多么优秀。

要想在田径项目中创造新的纪录，一味地练习是不够的，最重要的是能够区分练习方法对自己是否有效。原田老师在他的《王牌体育老师的常胜教育》一书中写道：

> 要想培养孩子的注意力，让他们觉察到细小但关键的事物，坚持摆放好鞋子是很重要的。把鞋子摆放整齐这个整理动作，不仅能起到安抚精神的作用，而且能使人确定自己的注意力处在启动状态。

自从读了这段话，以前疏于整理的我开始每天整理自己脱下的鞋子。而且在拜访别人家的时候，我也一定会多加注意摆放好鞋子。

虽然一天整理好几次略显麻烦，但这可以不花一分钱就培养孩子的观察力。如果真的能达到这么好的效果，那简直太值得了。

起初由于玄关的东西太多了，就算整理好了也很容易被孩子弄乱，所以我曾一度觉得整理起来太麻烦。但整理习惯了之后，不整理反而会觉得不舒服。到后来不只是自己的鞋子，其余的鞋子我也会顺便收好。

说来惭愧，在整理东西方面我向来不怎么细心，家里一般比较凌乱。但是自从开始认真摆放鞋子后，我突然注意到那些在玄关附近放置了很久的物品，我会连同它们一起整理好，甚至想要把玄关好好清扫一番。

有时候我也会十分疲惫，想着"太累了，算了"而放弃摆鞋。

通过这个信号，我就能知晓自己的状态。它能告诉我"自己已经累到连鞋都不想摆放好的地步了，是时候好好休息一下了"。不过稍做休整之后，我还是会暗下决心，想着"我要继续努力"，然后去玄关摆放好鞋子。

当你没有养成摆放好鞋子的习惯时，你可能会觉得蹲下来很麻烦，但实际上，对于手脚利索的人，这个动作只要 5 秒。如此想来，只需要这样一个简单的动作就可以培养注意力，激起我们把物品整理好的欲望，它真是一个很棒的方法。

让人高兴的是，有一天我看到女儿把她刚脱下的凉鞋摆放好，然后得意地念叨着："我把它们摆放整齐了。"我忍不住给了她一个拥抱，然后对她说："你做得真好。"

在这之后，女儿好像上瘾了一样，总会把自己的鞋子连同我和她爸爸的鞋子都摆放得整整齐齐，然后露出得意的微笑。

第 1 章　改变家中的景致

美感好习惯

子どものセンスは夕焼けが作る

环境对美感的塑造是润物细无声的。如果你在培养美感方面还是个新手，就先从改造环境开始吧，下面是我为你总结的改变环境的小建议：

- 让家中充满鲜花和绿植。尽量多地布置，如果觉得从花店买很贵，也可以尝试自己种植。
- 在墙上挂一些名画或海报，装饰墙面。
- 将玄关的鞋子摆整齐。摆鞋子的时候不仅整理了环境，同时也能整理心态，提高专注力。

美感是最好的家教

子どものセンスは夕焼けが作る教える

第 2 章

彩色心情

第 2 章　彩色心情

你看，夕阳真美

"你相信吗，有的学生竟然连夕阳都没有看过。"

在一次采访中，钢琴家弘中孝先生这样说。听了这句话我惊讶极了。弘中先生曾获得范·克莱本国际钢琴比赛大奖，之后进入美国茱莉亚学院（The Juilliard School）深造，继而受邀在世界各国演出。现在，在进行演出活动之余，他也担任音乐学院的教授，培养出了不少青年钢琴家。

弘中先生认为，现在学生们的"感知能力"和"美感"正在下降，这让他十分痛心。

美感是最好的家教
子どものセンスは夕焼けが作る

听了弘中先生的感叹，我在想，也许这些学生并不是真的没有见过夕阳，而是没有人在他们身边同他们一起驻足观赏，并说出那句"看啊，那是夕阳，多美"。

很多事对于大人来说是理所当然的，但是对于孩子来说却未必如此。很多孩子是在大人的引导下，听到大人说"咦，看呀"之后才开始注意某些事物的。

古今中外的很多经典艺术作品，都是从自然中获得灵感与启发的。夕阳、曙光、蓝天、月夜、星空、树叶、变换各种形状的云朵、太阳的光芒……大自然就是一个美的宝库。

即便在一天之中，夕阳的色调、云朵的形状也变化万千，各有不同。小到一草一木，自然万物都各有其色彩和形状。

弘中先生还讲道："我希望演奏家们都能保有丰富的感知力。看到落日余晖、河水流动能够发自内心、深切地感受到'这真是太美了'。"对于演奏家来说，将自然的美妙深深地烙印在心里，在心中制作一个"感官抽屉"，妥帖地收藏这些感受，是搭建感知力基础的重要过程。

听了弘中先生这番话之后，我会刻意在接送女儿上下幼儿园时，试着和坐在自行车后座的她谈天说地。

第 2 章 彩色心情

"今天是阴天呢,看不到太阳公公啊!"

"樱花真漂亮啊。看呀,花瓣飘下来了!"

"看呀,大哥哥们正在学校里打棒球呢!"

"吊车停在这里呀!真帅。"

"蝉正在叫。"

"今天真热,太阳公公正在闪闪发光呢,应该快能游泳喽!"

"天空变得红彤彤了啊,是夕阳。"

天变冷了之后,路上到处都是散落的黄叶,回家途中,抬头就能看到金星在闪烁。这个时候我会和孩子说:

"有火红色的叶子、黄色的叶子,还有棕色的叶子!"

"看呀,我找到了第一颗升起来的星星!"

"今天的月亮公主长得好像香蕉啊!"

这些看似很平常的对话,却让我和女儿都改变了很多。回想采访弘中先生之前,我在接送孩子上下幼儿园时总是在想:"今天的时间也好紧张。早上要再早点起来才行啊。""今天晚饭要做什么菜好呢……"就这样,我安静地骑自行车,当然,女儿也是默不作声,老实地坐在座位上。

然而,当我这样刻意和女儿聊了二个月之后,女儿开始主动和我说:"妈妈,是蝉呀!""天空的颜色变红了。""哇,是吊车!"而我也因此暂时忘记了家务与工作。

现在,每当看到天空、树木的变化,我就会觉得"哇,好美",我也开始认为,与他人交流是特别珍贵的过程。

苹果不只是红色的

孩子用的画笔大多是 12 色、24 色。我最开始为女儿准备的也是一套 12 色的蜡笔。然而,真正陪女儿画画时,我开始疑惑:"12 种颜色会不会太少了?"

"今天天空的颜色是深蓝色呀。"

"今天的夕阳,从橘色渐变到紫色,真好看啊!"

"这个玫瑰花的红色里微妙地交织着粉色,真可爱啊!"

"虽然都是黄色,但是南瓜、柠檬和香蕉的黄却是不一样的黄!"

当你细致地去观察不同物体时,就会发现这些微妙的差异。而且,当我眺望远处的群山,在白炽灯下观察白色碟子的影子时,我也会萌生疑问:"这是什么颜色呢?

第2章 彩色心情

我好像叫不上来名字。"我不禁在心里感叹："关于色彩，我真想知道更多啊！"

我和女儿用蜡笔画画时，总感觉画不出色彩斑斓的效果。为了不弄脏手和地板，我和女儿开始尝试用彩色铅笔画画，但是，不管怎么尝试，画出来的颜色都很浅，效果很不理想。

带着对画材的困惑，我打电话向太田老师请教，结果老师告诉我：

"12色是远远不够的！"

"用油画棒或色粉笔，都比蜡笔要好。"

"油画棒是像巧克力似的东西吧？"我问道。

太田老师说："是的，蜡笔的显色能力不强，而且，不用力很难画出颜色。油画棒或色粉笔的显色能力都很好，就算不用力气，颜色也能轻松地附着在纸上。色粉笔还可以削下粉末，用揉成球状的手纸蘸取粉末后晕染在纸上。它们还可以混色呢。"

我恍然道："噢，原来油画棒比蜡笔画出来的色彩更鲜艳啊，我今天才知道。"

太田老师又说："而且油画棒可以混色，蜡笔却不能。彩铅用橡皮就能擦掉这点方便，不会弄脏手，但正是因为这样，它不是很显色。其实，就算弄脏手，最后洗一下就行了啊。"

确实是这样。孩子为什么要画画呢？我想，是因为自由地表现出自己想象中的画面是件有趣的事。而我，竟然只想着不要弄脏手。

我突然想到，家里的电脑显示屏可以显示1677万种颜色。如果想要表现世界万物需要这么多种颜色的话，那么画画时就算用上100种颜色都不算多。

如果颜色不能混合，而且种类很少，那么给人的选择真的是少得可怜。

我又想起来，之前因为参加投票选举，我曾去过一趟附近的小学，看到教室的墙上整齐地排列着孩子们画的柿子。每幅画中柿子的颜色都是直接从颜料管里挤出来的橘色，叶子都是颜料管中的绿色。从远处看，每一幅画都很相似，就像是同一个人画的。

像这样直接把"柿子是橘色的，叶子是绿色的"定义为正确答案的教学方式很常见。主持人永井美奈子在写给《苹果不是红色的》这本书的书评中，曾讲述过她自己的一段经历。

在幼儿园时，美奈子依照自己所看到的，把茄子画

第2章 彩色心情

成了黑色。结果，被老师斥责说："颜色涂得不对！""等你把紫色涂好，才能出去玩。"

从那时起，她就开始排斥画画，直到有了孩子，与孩子一起画画，被孩子自由发挥的创意所惊艳，她才慢慢从"茄子不能是黑色的"这个阴霾中走出来。

我想，同样是一起画"柿子"或"茄子"，大家用类似的颜色是难以避免的。但如果孩子们有 70 种颜色可选，那么他们应该就可以画出各种各样有微妙差异的色调了。这么说来，我给孩子准备 12 色的蜡笔显然是不够用的。

太田老师曾和我说过这样的话：

> 颜色是用来表现自己的心情的，我们要选择刚好能代表自己情感的颜色。从众多的颜色中，找到"这就是我喜欢的"那个颜色，这种体验很重要。如果只有 12 种颜色可选，那么这个孩子的色彩世界就只能用这 12 种颜色来表现了。

"但是，对于两岁的孩子，给他 50 色、60 色的画材是不是也就够了？"我问道。

太田老师却说："没有过早这回事，只不过这样做可能有点奢侈。不过，除非你明天连米都买不起，相比把钱花在饭馆、游乐场中，我认为给孩子买一些色彩丰富的画材更有价值。当然，我们需要爱惜它们，就算折断了也不能到处乱扔。要养成画完画让孩子和大人一起收拾画材的好习惯。"

"我明白了，我去给孩子买更多颜色的油画棒、色粉笔。啊，那这么说来，是不是也该让孩子在又好又大的纸上画画呢？"我又问道。

太田老师说："当然，当孩子偶尔想要好好画一幅画时，可以给他用 A4 大小的专业画纸。平时，只要用超市售卖的画纸就足够了。与其把钱花在纸上，不如花在颜色更丰富并且显色性更好的画材上。"

"我知道了！笔的显色性更好，并且颜色更丰富才是关键！"我说道。

太田老师还说："有人认为，水彩、丙烯一类的颜料等孩子上了小学再用比较好，其实不一定，铺好画纸，让孩子用手指蘸着颜料作画，不也很有趣嘛。"

"那用彩色铅笔不好吗？"我疑惑道。

太田老师说："如果手指使不上力气，用彩色铅笔也是画不出漂亮颜色的。等到孩子的手指能使上力气之后再用彩色铅笔不是更好吗？中学以后就能用彩色铅笔了，到

第 2 章　彩色心情

那时我也是推荐用 60 色以上的。但是，我最推荐的还是油画棒和色粉笔。"

第二天，我就在网上的画材店查了一番。太田老师说油画棒也可以，但是我自己更喜欢显色很漂亮的色粉笔。因为，只要看一眼它的颜色，心情就会变好。所以，我决定买色粉笔。

70 色的彩笔不奢侈

在网上的画材店，我看到一套专业人士用的 150 色的色粉笔，价格在 1 万日元左右。当我内心正按捺不住想要下单时，我又发现了一套 70 色的色粉笔，只要 3000 日元左右。我犹豫再三，最后还是买了 70 色这套。它是德国辉柏嘉（Faber-Castell）牌的。一般的色粉笔价格都不便宜，但这套是专门给孩子用的，尺寸是普通的一半，不容易折断，更易上色，价格还便宜。

下单之后，我很快就收到了从京都的画材店发来的包裹。因为是易碎品，所以店家包装得很用心。色粉笔整齐地排列在盒子里，像极了巧克力，色彩的渐变美得无与伦比。有很多支笔让人联想到天空的蓝色。色粉笔的颜色真的很漂亮，像是从绘本里飞出来的。

我和女儿立刻欣喜地把画纸铺在桌子上，画了起来。和蜡笔不同，色粉笔是松软的粉末状质地，下笔的瞬间颜色就附着在纸上了。我们用红色的色粉笔先画了一个心形的轮廓，再用手指向内晕染，不一会儿，一个松松软软的心形就画好了。我们把藏蓝色的色粉笔放平，使劲儿地在纸上涂抹，然后用手指晕染，画出的画面像夜空一样，美丽极了。

色粉笔的覆盖性很强，可以叠色。之后我们又在夜空上面点缀了黄色的月亮，下面画上了棕色的房子，房子的周围点了很多粉色的点，用手指晕染之后，它们变成了浪漫的花田。我们十分投入地画了很久。

漂亮的颜色，只要涂上一会儿，就能让人心情舒畅，其中，晕染也是让人很享受的过程。我并不是说蜡笔不好，只不过我个人更喜欢色粉笔的质感。我们俩越画越兴奋，根本不在意手会不会脏，觉得好玩极了。我们最终完成的作品，即使从大人的视角来看也会发出"哇"的赞叹，会忍不住说："这幅画挂在墙上作为装饰也不错啊。"画完画，我们把洗手池接满热水，边洗手边笑着回味，

第 2 章 彩色心情

"真好玩啊!"

幸好我们买了色粉笔,不然就要错过这美丽的色彩世界了。真是相见恨晚。

色粉笔的妙处在于它不但色彩丰富,而且用它作画的过程也很有趣。

实际使用之后,我确信 70 色绝不奢侈。当然,画画的时候,并不是所有的颜色都会用到,每次最多会用到 10 种颜色。有一次,女儿在画纸上涂了一大片荧光粉(量多到几乎有些浪费),她说,用别的粉色不行,必须是荧光粉。我也是这样,在各种深浅不一的蓝色中,找到了一种我特别喜欢的蓝,那是在 24 色的色彩笔组合里绝对找不到的淡淡的天空蓝。

看到这个颜色时我暗自赞叹:"它真漂亮啊,就像秋天碧蓝的天空。和它的邂逅,让我觉得 70 色物超所值。"

在这之后,我们并没有经常把色粉笔拿出来用。因为周一至周五,女儿从幼儿园放学后很少有充裕的时间。女儿经常只能拿出 12 色的油画棒来画一会儿。不可思议的是,自从用了 70 色的色粉笔,我开始明白"12 色也有 12 色的好处"。

即使是放学后,如果女儿提出想用色粉笔画一会儿,我也全力支持。这时，女儿会从 70 种颜色的笔中找出自己最喜欢的那一支，专心致志、用力地画起来。5 分钟之后，她会一脸轻松地说"画好了"，然后径直走向浴室。

像这样，一旦开始追求自己独特的颜色与声音，就会想要把很多元素混合起来，创作出丰富又美丽的颜色和声音。但是，大家一定不能忘记，如果过度混合，反而会变得浑浊。

太田老师经常会这样提醒学生："颜色不要过度混合！"而且，我采访过和泉宏隆先生，他是日本知名的作曲家、钢琴家，在很长一段时间里都是日本融合音乐的代表乐队 T-Square 的成员。在访谈中，他也说过类似的话："钢琴独奏时，音太多，就容易浑浊，所以我总是在尽力做着减法。"

和泉先生创作的曲子，是那种一个个音符"隆""隆"地、庄重地响起，音色十分纯净而美妙的音乐。曲子里面有"不过分混合"的美学。

理想的状态，应该是用颜料调出自己脑海中的颜色。然而，如果没有具体的目标，只是漫无目的地混合，再怎么也调不出好的颜色，结果只会越调越脏。如果脑海中还没有色彩的"感官抽屉"，那么色彩丰富的油画棒、色粉

第 2 章　彩色心情

笔或彩笔也不失为好的选择。

自从用 70 色的色粉笔画画以来,我和女儿总会忽然好奇起来:"柠檬和香蕉的黄色到底哪里不同呢?"做饭时,如果正好用到它们俩,我们就会把它们放在一起,认真观察。

"两个都是黄色呀。颜色很相近,但是稍微有些不一样。"我会试着和女儿这样说。女儿也会应和道:"是啊,是不一样的。"即便我也不清楚她看出了多少不同。

据我观察,柠檬是交织着绿色的清爽的黄色,就是我们常说的柠檬色。香蕉是含有一点棕色的,有些暖洋洋、甜美感觉的黄色。从这以后,家里的水果或蔬菜,如苹果、胡萝卜、葱、西兰花……在切之前我们都会用大概 30 秒的时间,确认一下它们的颜色和触感。这样有趣的仪式,也慢慢成了习惯。

有一天,女儿的幼儿园让孩子们在课堂上画柿子,画好的作品都被贴在了墙壁上。老师让孩子们从黄色、绿色、橘色中选择自己喜欢的颜色来画柿子。选择黄色和绿色的孩子并不在少数,实际上,分别选择这三种颜色的孩子数量是差不多的。

美术老师对我们说:"可能有的孩子想涂和别人不同

的颜色,所以,我们在橘色以外还多准备了黄色和绿色,没想到它们竟然很受欢迎。"听了老师这番话,我更好奇了,女儿会选择哪一个颜色呢?伴着"咚咚"的心跳声,我开始在墙壁上搜寻女儿的画。女儿选择的颜色是橘色。不知为什么,看到画的我,有些许失落。但我也由此发觉,也许女儿正是那种正统的性格。我也很开心地发现,幼儿园的老师并不是那种会生气地说"柿子就是橘色的"这种话的人。

第 2 章　彩色心情

美感好习惯

子どものセンスは夕焼けが作る

大自然孕育了丰富的色彩，对人有一种天然的吸引力，如何培养孩子对色彩的感知力，下面是一些小建议：

- 经常和孩子一起观察大自然，多观赏夕阳、蓝天、星空、树叶……一起讨论大自然中变换的色彩，打开孩子发现美的雷达。
- 画画的彩笔颜色越丰富越好。因为画画时，颜色是用来表现心情的，从众多颜色中找到自己心仪的颜色，这个体验很重要。买 70 色的彩笔不仅不浪费，而且很有必要。

美感是最好的作家

子どものセンスは夕焼けが教える

第 3 章

培养乐感

乐感从儿歌开始

在育儿的过程中,歌声是不可或缺的。经常和孩子一起唱歌,可以丰盈孩子的心灵,而且这也是培养乐感的重要方法,可以预防孩子以后唱歌走调。

我在研究生时所学的专业是音乐教育,到目前为止我研究了日本的铃木教学法、匈牙利的柯达伊音乐教学法、日本的江口寿子老师所开发的绝对音感教程、瑞士的达克罗士音乐节奏教学法以及法国的乐感训练教育"音乐理论与训练"等世界各地的儿童早期乐感训练的教学方法。

虽然这些理论的思想和方法论各有不同，但我发现，它们都有一个共同的观点：培养孩子的乐感，归根结底是要多唱不同种类的歌曲，并且多打拍子。

所以当我给孩子们上钢琴课时，在教他们弹奏前，我更重视培养他们多唱以及多打拍子的习惯。近年来，先为孩子打牢乐感基础，再让他们接触琴键的教学方式已经成为主流。甚至，有钢琴老师主张在开始学钢琴之前的两年，学生就要开始唱歌，熟悉旋律。因为，即使是专业的音乐教育，也是从唱歌和打拍子这两项练习开始的。

日本传统音乐领域也是如此，唱是基本。在学习古琴时，如果学生不能完整地唱出"叮——咚——响——哒——啦——"的旋律，就不能碰乐器。

因东仪秀树的传播而被大众所熟知的雅乐也是如此。我在学习雅乐中一个叫作"龙笛"的横笛乐器时，就是从熟悉那首在结婚典礼中经常出现的乐曲《越天乐》中的旋律"哆——啦——啰啦——哒——啦啰啦——"开始的。亲身经历之后我才明白，如果连唱都做不到，就很难吹出完整的曲子，而会唱之后，就很容易流畅地吹出完整的曲子。唱歌，是一切音乐活动的基础。

如果家长有计划对孩子进行专业的音乐培养，直接

第 3 章　培养乐感

送孩子去专业的培训学校也不是不行，但我更建议在这之前，在日常生活中多让孩子唱歌，这是极其重要的。

那么，该唱些什么歌曲呢？

首先向大家推荐儿歌，比如《拳头山的狐狸》《锅子锅子锅底穿洞》《猜拳猜拳看谁赢》《茶壶来了快走开》《开了开了》。一首一首地学，一定要能唱出来，而且越熟练越好。

音域窄是儿歌最大的特征。比如，日语儿歌《锅子锅子锅底穿洞》，整首歌只用了"La""So"这两个音。幼儿的音域本身就很窄，太高或太低的音，孩子都唱不出来。因此，用儿歌当作练习素材是最理想的。另外，短小、便于记忆也是儿歌的一大优势。

儿歌，是所有歌曲的基础。就好像让孩子多爬动，他的腰腿就会更强壮，让孩子唱好儿歌，他也就更有可能拥有好的乐感。

另外，像《猜拳猜拳看谁赢》《拳头山的狐狸》这样边唱边跳的儿歌是最好的。因为"唱歌"和"身体动作"需要同时调动身体的两个运动系统。这可以为之后一边唱歌一边打拍子，以及同时使用两只手弹钢琴打下很好的基础。

这么多年过去，我脑海中的儿歌已经所剩无几了。不过，和孩子一起观看NHK电视台的《游戏学日语》节目让我又记起不少，还学到了一些新曲目。这个节目很棒，不仅对儿歌做了梳理，收录的资源还特别丰富。如果孩子能学会里面所有的儿歌，那它一定会成为孩子的音乐宝库。

节目中野村万斋先生演唱过的歌曲最好全部熟记，这样不仅学习了日语，也积累了音乐素材。记得节目播放《真是麻烦啊》《长命百岁》这两首歌曲时，我不仅每天会认真收看，还会跟着哼唱。如果女儿也在身边，我会假装不经意地唱出声，渐渐地，她也开始跟着唱。现在，我们俩经常一起唱这些歌。我们会模仿万斋先生的发声方式，一口气唱到最后那句"长命百岁"，真的特别有成就感，爽快极了。

边听边唱边开心

记住曲调之后要做的就是跟唱。除了跟唱歌曲，类似《游戏学日语》节目的开场音乐也可以跟唱，这些都是绝好的练习机会。

实际上，跟唱类似视听练耳，是和着伴奏演唱的基础。训练乐感首先要让孩子开心地唱起来，然后再让他们跟唱音乐。

一般我们可以跟唱的素材有儿歌、童谣和电视中的配乐。比如，《海螺小姐》《龙猫》里的歌曲就不错。即便听不懂歌词，只要能随着旋律哼唱"哒啦啦啦""呛嘟嘟"就可以。

我经常会和女儿一起哼唱各种各样的歌曲，洗澡时唱，上下幼儿园的路上也唱，一天平均要唱十几首歌曲。只要有小孩在场，即使是边走边唱，也不用担心擦身而过的路人投来异样的目光。当然，如果哪天我们身体不舒服时，也可能完全不唱。

这样唱了一段时间后，女儿慢慢变成了一个喜欢唱歌的孩子。不仅如此，偶尔我开始和她一起唱歌时，她还会生气地说："妈妈，别影响我唱啊！"

但是，如果我们想要利用音乐节目培养孩子的乐感，就要和孩子一起观看并跟唱歌曲。如果只是让孩子一个人看电视，就很难有作用。

我读过很多关于"走调"的专业书籍，了解到妈妈的歌声对于培养孩子的乐感有着举足轻重的作用。甚至有报告明确指出，大部分唱歌走调的人都有一个共同点，那就是在小时候没有听过妈妈的歌声。在孩子早期乐感培养的过程中，妈妈的歌声比电视等各类播放器重要得多。因为妈妈可以随着孩子的音高和节奏不断调整歌声。对孩子而言，如果有一个人可以附和他们的音高和节奏，他们就会唱得更轻松。而电视机只会单方面地播放，绝对不会因为你而改变。

如果妈妈的音调不那么准，多找机会让孩子和音乐老师一起练唱，也是一个不错的选择。

过去，人们会用唱歌的方式来排解体力劳动的辛劳和苦闷。比如《拉网小调》就是北海道的渔夫给自己打气的歌曲。在荒无人烟的远海作业时，渔民们常常会因争分夺秒地捕捞鲱鱼而深感疲惫，这时他们就会唱起《拉网小调》。

和渔夫的海上作业相比，我的烦恼显得微不足道。我不擅长切菜，尤其是在身体不舒服或是肚子饿的时候，就更不愿意切菜了。有一次，我想到"用唱歌排解一下吧"，试了之后发现，果然边唱边动手心情就好多了。

有一次，我和女儿走了很远的路。我感觉到她已经有点累了,在她说出要我抱她之前,我唱起《龙猫》里的《散步》为她打气。

就算精疲力竭时,只要哼出脑海中浮现的旋律,身体就会随之舞动,心情也会立刻轻松起来。音乐的力量真的十分强大。

古典乐也要唱起来

NHK电视台的教育频道每天晚上6:00会播放一个叫《五重奏》的节目,它同样是很好的培养乐感的素材。

最让人惊喜的是,这个节目中弹琴的人偶们的动作很逼真,几乎和现实中一模一样。我曾经学过小提琴,节目中的人偶在拉小提琴时,琴弦的位置和拉弓的运动方式与印象中老师所教的别无二致。

《五重奏》节目中演奏的是古典乐曲。开幕前的合音"啦"以及演奏前的广播,都会给节目营造出很强的古典音乐会的氛围。孩子从小多看这样的节目,也能提前熟悉音乐会的流程。

一定会有妈妈产生疑惑:"我完全不懂古典音乐,该怎么办？"其实，现在学校的音乐课，一般都有鉴赏古典音乐的课程。适当的引导是最好的，如果太过强调，反而会打击孩子对古典音乐的兴趣，这对以后的音乐学习十分不利，因为古典乐正是爵士乐、摇滚乐和流行乐的基础。

儿时的习惯，会影响长大后的音乐品味。

孩子对古典乐没兴趣就不要勉强，能听得下去而不至于抵触就很好了。养成看《五重奏》节目的习惯真的是一个很好的古典乐启蒙的方法。

每天看一集，等孩子记住曲调后，就可以引导他们去跟唱了。古典音乐没有歌词，我们可以用"啦啦啦啦"等音唱出来。比如布格缪勒的《贵妇人之骑马》，我会唱作"恰——恰——恰——恰——恰 啦——恰 啦——恰——啦——"。

也许有很多人怀疑这么做是否有意义。实际上，在音乐教育比较先进的法国，人们使用的就是这样的教学方法。比如，课程中教师会让学生边演唱拉威尔的歌曲《波莱罗舞曲》(*Bolero*)，边打出这首歌的节奏。

如果孩子能够学会《五重奏》中的全部歌曲，这就代表他已经具备接受专业音乐教育的基础。我所说的"学会"指的是能准确地唱出乐曲的音高和节奏，还能打出拍子。当然，只唱喜欢的乐曲中喜欢的部分也会是一份珍贵的体验。

虽然我女儿才只会唱几首《五重奏》中的乐曲，但是我相信，只要她坚持多听，慢慢就能学会更多。让人欣慰的是，只要电视开始播放《五重奏》，她就会激动地大喊"开始了哟"，然后坐到沙发上认真观看起来。这时，为了不打扰孩子欣赏的节奏，我不会随便开口，只是偶尔在乐曲高潮处，不禁哼一下。在唱到有铜钹声伴奏的乐曲《威廉·退尔》序曲时，我们会一起在铜钹响起时，跟着演奏者一起做出拍的动作，并大喊一声："锵！"

古典乐的最后总是会有"锵"的和声响起。在电视中的"锵"声响起之后，孩子也会模仿着唱起来。为什么呢？我想是因为这样很好玩。在音乐会开始前和结束后，孩子也都会鼓掌。

除了《五重奏》之外，如果看到有演奏古典乐的电视节目，我都会停在这个频道上和女儿一起观看。我还会模仿指挥的动作，告诉孩子"那个就是小提琴"，或跟着打拍子。如果发现女儿听腻了，我就会关掉，或者我继续观看，让女儿去玩她想玩的玩具。但我惊喜地发现，女儿能观看下去的时间越来越长了。我想，这正是因为她对古典乐渐渐产生了兴趣。

平日里，当女儿感到挫败时，她就会立刻"恰嘟哩——恰嘟哩嘟——嘟——"地唱起焦阿基诺·罗西尼（Gioacchino Rossini）的触技曲与赋格曲；当遇到困难不知所措时，她会"嗯锵锵锵锵——嗯——"地哼起贝多芬的《命运交响曲》，而且能唱出很多细节。比如《命运交响曲》的第一拍是休止符，所以第一个音是"嗯"，这样的细节她都可以唱出来了。

女儿最喜欢的绘本是《包姆和凯罗的天空之旅》，飞机倾斜的时候凯罗的苹果掉到海里了。每次讲到"啊——啊——掉下去了"，我都会配上"当嘟嘟"的音乐。渐渐地孩子也学会了，再讲到这里时她会替我唱出配乐。

天冷时，女儿洗完澡出来，急急忙忙地穿睡衣时，我会在旁边一边做竞走的动作，一边"锵锵——恰咔恰咔"地唱着雅克·奥芬巴赫（Jacques Offenbach）的《地狱中的奥菲欧》序曲。这时，女儿穿衣服的速度就会立刻加快。要注意，我们可以搞怪，但一定要唱对音高和节奏。

总之，如果养成了唱歌和打拍子的习惯，孩子的乐感就会越来越好。在这个过程中一定不要小题大做，只要把轻松愉快地哼唱和用手打拍子变成日常生活中的一部分就很好。

到了夏天,我和女儿会模仿着盂兰盆节的舞蹈中太鼓乐手的动作,和着传统音乐的"嘿咻嘿咻"声,愉快地歌唱。

孩子通过多唱,就会有能力辨别"音的高度""音和音之间的距离""节奏类型""音乐的氛围""音乐速度"等,学习歌曲的速度就会越来越快。

慢慢地练习假声

除了儿歌以外,其他歌曲的音域更宽广,孩子在唱的时候就会出现发不出音的情况。

比如《趾猴》这首歌,开始的时候只需要用平常的音高,但是唱到中间"尾巴长长的"那句时,声调会突然变高。如果用 C 大调唱到"的"这个部分需要转调为"Re",一般孩子很难唱出来,因为需要用到假声。

我们平常说话用的是真声。大部分的流行歌手,唱歌时用的也是真声,著名的演员兼狂言师野村万斋,演出时用的也是真声。与此相对，维也纳少年合唱团、雀巢咖啡的广告里唱着"哒啦哒"的主唱，还有歌剧演员，使用的都是假声。

一般来说，人们在低音域用真声，音调变高之后会用到假声。但只有专业歌手才能在真声和假声之间不动声色地灵活转换。如果没有接受过声乐训练，人的假声会很纤弱。但其实假声也能很有张力。只要学会了假声，不管什么旋律都可以自在地演绎。

我们经常在电视上看到歌手们唱到高音也毫不费力。但实际上，全日本用真声能把高音唱好的也只有原SPEED组合的岛袋宽子和Globe（地球乐团）的山田圭子等少数几位歌手而已。NHK电视台的儿童节目中有一位名叫"唱歌姐姐"的小歌手，她的假声十分厉害，音调一提高，就能转换成很有张力的假声，真声和假声的转换不着一丝痕迹。

总的来说，如果不用假声，而是用真声来一唱到底，那么本该是高音的地方就只能用不准确的低音来唱。这样对嗓子也很不利。很多所谓的"音盲"，只不过是因为自己的音域窄，很难唱出高音，所以才会走调的。

如果妈妈能用假声唱高音来给孩子做好示范，就能避免孩子不会使用假声的问题。另外，我们最好能在孩子因为音调高而唱不出来的时候，告诉他们转音的正确方法。刚开始，孩子可能会觉得难为情，用假声发出的声音会很微弱，这是很正常的。况且就算微弱也比走调要好啊。只要多加练习，假声就能慢慢变得扎实。

学会假声，就能唱更多的歌曲。比如《海螺小姐》的片尾曲，前奏结束后音调会突然升高，会用假声就能很轻松地唱出来。当然，间奏也可以唱。吉他的"锵锵锵"的伴奏唱起来也很有趣。最后唱完那句"海螺小姐很开心"之后继续唱到结尾，一个高音"嘭"之后，歌曲结束。如果唱不出假声，这首歌就很难唱得完整。

随口哼唱最美妙

在幼儿园经常会听到有人对孩子说："唱歌要打起精神，把嘴张大。"但是，很多人会把"打起精神"理解成大声吼。如果想要锻炼音感，大声吼叫的方式明显不理想。一旦养成这个习惯，也不利于将来在音乐课上唱合唱。

大人们听到孩子微弱、纤细的声音，会忍不住想要

美感是最好的家教
子どものセンスは夕焼けが作る

提醒孩子"再大声点""精神些",但这是孩子们学习唱歌必经的过程,大人们一定要忍住。

"把嘴张大一点"也是一个需要反思的说法。实际上,我以前在做中学音乐老师的时候,也经常不假思索地提醒学生"嘴要张大"。直到我成为音乐专栏作家,才知道这样做不妥。我曾采访过莲沼勇一先生,他指导的晓星小学的合唱团总能在NHK日本全国学校音乐比赛中获得金奖。他说,他从不会让学生张大嘴去唱歌,这一度让我十分惊讶。

唱歌有各种各样的发声方法。比如,唱和声时需要让声音在头部产生共鸣。莲沼先生告诉我,为了使发音准确,唱歌时只是嘟囔却不张嘴显然不好,但不自然地把嘴张得很大也没有必要。

那么,孩子到底该怎么唱歌呢?我自己的方法是,以"合唱的声音"为基础,用自然的声音来歌唱。总的来说就是,唱歌时遇到低音用真声,遇到高音用假声。音量控制在自己和身边的人能听到的范围内即可。不需要费很大力气,随口哼唱的状态就很好。

总之,孩子们唱歌时,如果能找到适合自己的最自然的发声方式,用哼出来的感觉来歌唱是最好的。

为音乐会做准备

作为音乐专栏作家,我需要看大量的音乐现场DVD。最理想的安排是,白天当女儿在幼儿园时我去完成这部分工作。但是,我经常会遇到DVD资料整理好寄过来时已经临近采访这样的状况。这时,我必须尽快看完这些DVD,所以只能在晚饭后和女儿一起看。

我要看的DVD,很多是没有歌词的纯乐器演奏,或是融合音乐的现场,这并不符合孩子们的喜好。因此,为了不让女儿感到无聊,在观看演奏的过程中,我会进行有趣的解说。比如,用朋友的口吻向她介绍正在演奏的乐手,这个是"某某哥哥",那个是"某某姐姐"。如果演奏时有谁站起来了,我就会说"你看,某某哥哥正在好努力地弹呢"。观众们拍手的段落,我们也会跟着一起拍手。华丽的独奏部分结束时,我们也会边鼓掌边感叹"真厉害啊"。

让我感到不可思议的是,女儿竟然能饶有兴致地和我一起看完长达一小时的音乐现场DVD。慢慢地,她不仅找到了自己喜欢的音乐人和乐曲,还能评论哪首歌好、哪首歌不好。

在看DVD时,我会要求自己记住音乐的旋律,尽量

美 感 是 最 好 的 家 教
子どものセンスは夕焼けが作る

跟唱。我也想让孩子在看的过程中学习一些片段，如果是我会的片段，我会尽量跟唱。就这样，女儿也开始一点点地模仿，于是也学会了不少段落。

DVD 里经常出现钢琴、鼓和贝斯等乐器。最近，女儿经常边听 DVD 边弹玩具钢琴（与其说是弹，不如说是随意敲打），还会在家中找齐 7 个空杯子、空箱子和铃鼓之类的东西，把它们排列整齐，拿着棍子模仿着敲鼓的动作敲打起来。看着她有趣的演奏，我不禁被她的快乐所感染。

女儿最近很喜欢贝斯，她会把积木拿给我，让我给她拼一个贝斯。好不容易拼好交给她后，她会像模像样地忘我地弹起来，那场面热闹极了。

根据我的亲身经验，父母和孩子不仅可以去听一些面向孩子的音乐，也可以积极筹划，创造机会一起欣赏一些面向大人的音乐。

在看音乐现场 DVD 时，如果有我喜欢的音乐，我连拍手都会劲头十足，兴致也格外高涨，有时还会忍不住跳起舞来。不得不承认，相比于看那些为孩子制作的音乐节目，看喜欢的音乐现场时我更在状态。看着女儿高兴地配合也使我更加确信，孩子和乐在其中的妈妈一起听音乐，这种快乐也会互相感染。

有趣的是，凡是我觉得好听而且朗朗上口的乐曲，女儿也会很喜欢。我想，对乐曲的喜好会因人或年龄而异，但真正的好音乐，可以跨越年龄的界限。

现在，无论是什么类型的音乐，都会有丰富的现场DVD。带幼儿园以下的儿童去听音乐会可能还不现实，但是我们可以通过现场DVD让孩子提前了解，感受音乐会的氛围。

我经常在那些晚上9点之前结束的音乐会上，看到父母带着孩子一起观看，其中也有幼儿园大班或者小学低年级的孩子。有的孩子会在音乐演奏到比较低沉的片段时睡着，到结尾高潮部分现场气氛高涨时醒过来。在我印象中，甚至没有发生过由于孩子吵闹而惊扰其他观众的情况。孩子们也会在该鼓掌的时候鼓掌。这也许就是孩子们从小和父母一起听CD、看DVD，充分了解音乐会的结果。

除了DVD以外，我还会听很多CD。为了让女儿也多听，外出时我家的汽车就会变成移动的音乐会场。在车内听CD是绝佳的享受，随着车子的移动眺望窗外的景色，这个时候最适合沉浸在音乐的海洋中了。这样的音乐体验，就算是儿童和音乐基础薄弱的大人也会喜欢。

在车里我们会听各种各样的CD，这一年中我经常听的

美 感 是 最 好 的 家 教
子どものセンスは夕焼けが作る

CD 是这三张专辑：Steps 乐队 1981 年音乐会的专辑 *Smokin' in the Pit*，属于国外的混合爵士乐；T-Square 乐队 1991 年的专辑 *New-S*，属于日本的混合爵士乐；钢琴家中井正子演奏的德彪西钢琴曲合集，属于古典音乐。

选择这三张 CD，首先是因为个人喜好。它们都是我循环播放了数十遍甚至数百遍的专辑。另一个原因是它们已经获得了广泛的好评，可以说即便再过十年，甚至二十年，它们也不会过时。

如果一首歌还没听完我们就到家了，只要没有急事，我都会先把车停好，然后调大音量把歌曲听完再下车。汽车是一个密闭空间，把音量调大之后会产生类似于音乐现场的效果，试一次就会爱上。但是，我们还是会适可而止，最多这样播放 5 分钟，不然就会打扰到邻居了。

把声音调大之后，女儿也会坐起身仔细倾听。听完了会一脸认真地问我："妈妈，刚才是什么乐器发出的声音？"我回答："是钢琴！"女儿会说："是吗，真好听。"

第 3 章　培养乐感

美感好习惯

子 ど も の セ ン ス は 夕 焼 け が 作 る

唱歌是一切音乐活动的基础，但是对孩子来说，应该唱什么、怎么唱呢？下面是几点小建议：

- 儿歌因为音域窄、短小、便于记忆，是首选的练习素材。
- 很多儿歌节奏性强，最好能够边唱边跳，这样同时调动声音和身体两个系统，能提高孩子的协调性，为以后学习乐器打下基础。
- 古典乐也是很好的培养乐感的素材。但适当引导就好，太过强调反而会打击孩子对古典乐的兴趣。
- 对孩子来说，大声吼叫地唱和嘟嘟囔囔地唱都要避免。用自然的声音歌唱，高音时用假声，低音时用真声，随口哼唱的状态最好。

美感是最好的
子どものセンスは夕焼けが作る教家

第 4 章

品味质感

第4章 品味质感

触及微妙的大自然

用五感来体味周遭生活，比只用视觉得到的感受更加深刻。

就算是小草也各具特色，触感有硬有软，气味有浓有淡。正是因为软硬不同，我发现了叶子表面质感的微妙差异。另外，水和风也十分有趣。

由于水势和状态的变化，水的声音会完全不同，呈现的形态也富于变化，这给了古今中外无数作曲家丰富的灵感。

其中，雨声作为声音素材独具魅力：下大雨时，是激烈的"喳喳"声；下小雨时，是几乎能听到每一滴雨水落地的淅淅沥沥声；还有雨滴撞击雨伞时的"砰砰"声，以及雨停了之后的寂静。

　　雨水、海洋、河流、瀑布……水的"种类"极其丰富，其中，最具韵律和变化性的还是雨声。

　　作曲家肖邦在雨季绵绵的岛上写了前奏曲《雨滴》，同是作曲家的德彪西也写过一首名为《雨中庭院》的乐曲。《雨滴》表现的是雨滴"啪啪啪"地降落时那安静的节奏，它的灵感就来源于小雨。《雨中庭院》中有很多快节奏的音符，它的灵感来源于酣畅淋漓的大雨。或许，肖邦和德彪西正是在倾听雨的音色和节奏时，萌生了"这可以写成曲子"的想法。

　　在2005年的肖邦国际钢琴比赛中，进入决赛的少年钢琴家辻井伸行是一位视觉障碍患者。据说，辻井游历在山水间时，会边吃饭，边和妈妈说："溪水潺潺的声音真好听。"

　　水尚且可以看到，而风是看不见的。

　　台风来的时候会有大风阵阵；在夏天的午后会有缕缕凉风吹拂，而春天的风显得有些狂躁，使得空气中尘土飞扬。虽然看不见风，但我们可以通过肌肤来感受风的来势，用耳朵来感受风的声音。

　　雷声轰鸣时，窗玻璃会被震得窸窣作响。当你触摸响着的铜钹时，它会发出微微的震动，而在触碰到它的一瞬间，声音就会消失。然而看电视根本不可能有这样的感受，只有在演奏会现场或是自己演奏乐器时，我们才能通过真实的音乐感受到温度、湿度、空气乃至味道。

五感本相通

一流的音乐家除了拥有过人的技术和乐感以外，还有敏锐的五感。这是一切的基础，我称之为五感天线。而五感，也就是视觉、听觉、触觉、嗅觉、味觉，其实是相互连通的。

曾参演 NHK 电视台的纪录片《Project X 挑战者们》的传奇调音师村上辉久，在 20 世纪具有代表性的音乐家毛里奇奥·波利尼（Maurizio Polini）家中调音时，有这样一段逸事。据说，在村上先生调音的过程中，波里尼端来一块蛋糕请他品尝，然后对他说："待会儿请你把音色调得更接近这块蛋糕。"尝过蛋糕之后，村上先生终于明白了波里尼想要的是哪种音色。

在形容音色时，我也经常使用柔软、蓬松、冰凉等表现触觉意象的形容词。

在音乐现场收集采访资料通常需要快速记录。记得有一次，我在采访现场遇到两位小提琴家，他们给我的印象截然不同。我灵机一动，写下了"这位像乳酪蛋糕，那位像巧克力蛋糕"。

先借用蛋糕的印象来记忆，等时间充裕时借由这个引子，我会展开联想："像乳酪蛋糕的那一位，他的演奏方式更清爽。"

此外，在看音乐杂志的时候，我们也经常会看到"清淡""浓厚"这些表现食物味觉意象的形容词。如此说来，品尝香脆的泡芙皮、浓稠的奶黄酱，也是别具意味的宝贵经验。

以前在肖邦国际钢琴比赛官方平台工作时，我曾采访过钢琴家佐藤美香小姐。她说在弹奏肖邦的奏鸣曲时，眼前总会出现在波兰时见过的枯叶飞舞的画面。她的视觉印象通过钢琴声转换成了视觉表现。

太田惠美子老师也经常对学生说："绘画就是音乐，音乐就是绘画。就像声音有强弱一样，颜色也有深浅。只有强音的钢琴曲，听起来会无趣，音调高昂处同样需要低音衬托，主旋律要有伴奏来平衡。重音同样重要，太多声

第 4 章　品味质感

音强度相似的音，听起来会无聊。想要表达出内心真实的感受，就要像音乐一样去绘画。"

总之，只用视觉、听觉或是触觉来总结对事物的印象是不够的，要用五感综合把握。

打击乐演奏家伊芙琳·格伦尼（Evelyn Glennie）在11岁时几乎失聪，但这并没有影响她日后成为一名非常受欢迎的演奏家。

据说她在进行演奏时，是通过自己身体的振动频率来感知节奏和音高的。只要用这个方法，即使耳朵听不见也可以感受到节奏和声音。想听到心跳声，只要将你的手放在胸口。能感受节奏和律动的不只有耳朵，还有心灵。

归根结底，五感只是传感器，它们的核心是心灵。因此，五感本相通。

质感究竟是什么

与五感密切相关的应该就是"质感"了。《广辞苑》[①]

[①]《广辞苑》是日本最有名的日文辞典之一。——编著注

中对质感的解释有两种:"一是因材料的性质不同而感受到的差异;二是材料本身给人的感受。"

我清楚地认识到什么是"质感"的契机,并不是在学校的美术课堂上,而是在采访原"米米CLUB"乐队的萨克斯风乐手兼作曲家金子隆博的时候。

金子老师提道:"在为电影创作背景音乐时,通过质感呈现声音很重要。"什么是"通过质感呈现声音"?当我正摸不着头脑时,他解释道:

> 人有一种特殊的判断能力,比如进入一个房间就能瞬间产生判断:"哇,这个房间真不错。"这种判断的主要依据来源于无意识中对不同材料的感受,比如这个房间的墙壁涂料是石灰的还是油漆的。音乐也是如此,那些听起来让人叫好的音乐,可能有人觉得是旋律起到关键作用。但我认为音乐之所以好听,最重要的是节奏。正因如此,为了创造质感,无意识的部分我也不会放过。这也正是音乐作品和背景音乐的差别。

"创造质感"这个词在生活中并不常用到,却十分重要。我们可以这样理解,我们能分辨什么样的咖喱好吃,但是不了解具体是什么原料好吃、为什么这么好吃，因此就很难再现这样的味道。

但是，如果一个人会分析这个咖喱是怎么制作的，比如，使用的是什么肉、用什么煮法、蔬菜怎么切、要煮到几分熟、咖喱原料是哪个品牌等，那么自己烹饪时，就能重现这道美食。

你会发现音乐杂志中，经常用"干"这个词来形容鼓或者弦乐器的音色。我最初听到这个说法时，虽然能够意会，但还是纳闷，为什么会用"干"来形容声音。

但仔细想想，干沙子会发出"沙沙"声，湿沙子散落时会发出"咚"的一声。仙贝（日本一种米果）也是一样，刚烤好就吃会发出清脆的声音，受潮后声音就会变钝。

"干的声音"和"湿的声音"确实是存在的，而且往往硬的东西音更高，柔软的东西则音更低。

从视觉方面来看，干燥的沙子是白色的，而潮湿的沙子则会变黑。刚煎好的热牛排会闪烁着光泽，而冷却后，油脂会凝固泛白，光泽也会褪去。光线反射的角度，影响着物体的质感。

在品尝食物时，我们不仅注重食物的味道是辛辣还是甘甜，还在意食材在嚼劲、韧度、口感等方面的质感。相比于固体的味道，我们对液体的味道更敏感，而对于液体味道的敏感度又不如对气体的敏感度。

总之，感受事物的质感必须能够灵活地调动五感。无论是固体、液体、气体物质，还是声音，即使看不到，也可以通过空气的振动领略其独特的质感。

捕捉质感的训练，必须谨记要使用五感来品味，尤其是在做饭、用餐时，因为这是享受食物质感的好机会。

我女儿两岁后，渐渐可以吃正常的饭菜，并且可以和大人对话了。在切水果和蔬菜前，我都会先递给孩子，让她感受东西的重量、触感和味道。

我也经常会和她搭话。面包刚烤好时，我会和她说："哇，味道好香，酥酥脆脆的呢！"面包凉了，我会说："变得潮湿了呢。"我还会和她分享道："你看，煮熟的米饭会冒出热乎乎的香气。"

是"酥脆"还是"潮湿"？女儿竟意外地对这些问题特别感兴趣。

吃冰激凌的时候，我会说："哇，好凉！它们在嘴里慢慢变小，渐渐融化呢。"这时她也会格外开心。

我这么做是想告诉孩子，感觉到什么东西好吃的时候,不要满足于停留在这个感觉,而要再向前跨出一步,意识到食物所处的状态。

通过这样经年累月的练习,孩子会产生敏锐的洞察力。在思考"这个房间真不错,但是究竟好在哪里"这个问题时,就能够分辨出,相比于乍看之下很醒目的沙发,墙壁的质感才是决定性的因素。

想要了解质感,没有比沙坑更好的地方了。亲手摆弄湿润或者干燥的沙子,能更直观地体验质感。玩水也是体验水的质感的好方法。虽然玩沙子、玩水有可能会弄脏衣服,准备塑料泳池也十分费事,不过自从意识到这是极好的学习质感的方式后,只要天气允许,我都会带孩子去沙坑或者游泳池玩。当然,这也让女儿十分开心。

为什么冷豆腐要装在深色的盘子里

日本人常吃的冷豆腐是训练质感的绝佳素材。首先,豆腐有木棉豆腐和绢丝豆腐之分。

绢丝豆腐比木棉豆腐更有光泽,可以直接做成日本常见的菜肴冷豆腐。那么,想要展现绢丝豆腐的光泽,该

美感是最好的家教
子どものセンスは夕焼けが作る

用哪种质感的盘子呢？

以前，我总是用小玻璃碟子来装冷豆腐，但偶尔会感觉美中不足。于是我忽然想到，太田惠美子老师在课上曾说过这样的话："两块浅色摆放在一起，边界线就会不明显，但如果把浅色和深色放在一起，从远处看，它们之间的界限会十分明确。"

相比于透明的玻璃，青色、绿色、黑色等深色的器皿更能够映衬出豆腐的白。

想到这里，我开始在网上寻觅理想的盘子。在这个过程中，我了解到"瓷器"盘子和"陶器"盘子的特征。

瓷器表面光滑而坚硬。餐厅中使用的白盘子和韦奇伍德（Wedgwood）等西式餐具大多是瓷器。

相比之下，陶器多了些泥土的感觉，表面不平整，也比瓷器更容易破，但多了一种温暖的感觉。

去冲印相片时我常被问到："效果要雾面还是亮面？"似乎，"有光泽"和"没有光泽"是两种最基本的质感。

这样说来，木棉豆腐就是没有光泽的，而绢丝豆腐就是有光泽的。

不光是白色的豆腐需要用深色的盘子来盛放。我想，有光泽的豆腐也需要放在没有光泽的陶器上，这样才能通

第4章　品味质感

过对比突出质感。

查询了网络上器皿的相关介绍，我了解到，原来这种摸起来有些粗糙、没有光泽的陶器叫作"无釉陶器"。在它的购买注意事项一栏中写着"使用前必须用水浸泡，不然会长出斑点"。

我在烹饪专家栗原春美小姐的书中，经常看到她使用这种黝黑哑光质感的无釉陶器，时髦而又素雅。但我实在没有信心养护好这些陶器。如果给陶器加上釉料，会多一层光泽，但同时会失去"无釉陶器"的粗糙质感。

真是伤脑筋啊！当我正在烦恼没有一款合适的盘子时，我在家附近的日本餐具店里看到了一款深绿色的织部烧小盘子。因为它上面有釉料，所以使用之前不需要花时间浸泡。

这个盘子上有少许光泽，但并不像瓷器那样闪闪发亮。它还有些发黄，但是织部烧那独特的深绿色非常漂亮。

因为价格划算，我买了很多。回家后立刻迫不及待地试着用它盛冷豆腐。微微发亮的深绿色和闪烁着白色光芒的豆腐相得益彰，令人食欲大增。这让我很满意。

女儿看到放在桌子上的新盘子时，兴奋地说道："哇，好可爱的盘子！这个是我的！"而我苦笑着想，与其说是"可爱"，不如说是"素雅"吧。我在新的小盘子里放了一些零食递给女儿，她抱着盘子，高兴极了。

第二天我准备用别的小盘子放零食时，女儿有些不高兴了，说道："不行！我还要放在可爱的盘子里！"我很惊讶，怎么一个两岁的孩子会如此中意一个朴素的盘子呢。

我想，这是因为女儿早已厌倦了一成不变的白盘子，所以才会对没见过的新盘子感到特别新奇吧。我这才发现，原来孩子不只是喜欢印有凯蒂猫或米菲的盘子，他们对烧制而成的、有独特质感和色泽的盘子也会产生兴趣。

后来，我尝试用这个盘子来盛女儿不爱吃的芝麻拌菠菜和炖南瓜。每次只装少许，看起来竟格外美味。有的时候女儿也会挡不住诱惑，品尝起来。看来，真是丝毫不能小看盘子的力量啊！

自此之后，我都会在深绿色的小盘子里放一小块冷豆腐。不可思议的是，这样比大量地堆放在玻璃小碟中好看得多，而且让人更有食欲。这是因为器物本身虽不能改变食物的味道，但质感会增进人的食欲吧。

我承认，养育孩子的过程总是十分忙碌，只是把食物做好就要耗费极大的心力。但即便如此，我也会去考虑食材和餐具的配色，因为我笃信这么做有着不同寻常的意义。

声音也分"亮面"和"雾面"

我认为，声音也有"亮面"和"雾面"的差别。最显而易见的是独唱和合唱的区别。

一个人唱歌，密度更紧凑，是顺滑的"亮面"；很多人一起唱歌，密度会变得稀松，是疏松的"雾面"。

录音时如果想要稀松的音色，会特意用一种乐器演奏一段乐曲，重复多次录制。就算演奏的是同一个人，音高和节奏也会有细微的不同。这中间会有一个"距离"，能营造出一种松软的质感。

小鼓（Snare Drum）有木制和金属制两种材质，据说打击乐手会根据不同的曲子选择不同材质的鼓。

另外，由于木材不同，鼓的颜色会各不相同，音色也有所差异。比如：

枫木，硬且轻。用枫木制作的鼓，从高音到低音的平衡感俱佳，音质清晰。

桦木，比枫木坚硬。用桦木制作的鼓，在中低音域的音色极富韧性。

玫瑰木，十分坚硬。用玫瑰木制作的鼓，颗粒感明显，音色极具厚重感。

除此之外，大部分管乐器是由黄铜（铜和锌的合金）制成的，也有一些是由银、金、白金等材料制成的，据说价格高达数百万日元。

之所以特地使用这么昂贵的材料，是因为用它们制成的乐器比黄铜更加柔软，能发出更通透的声音。坚硬、柔软，重（密度高）、轻（密度低）……使用的材料不同，乐器的音色也不同。

在日常生活中，我们也会通过敲打西瓜所发出的声音，来推测西瓜皮的厚薄和西瓜的成熟程度。

声音会因为材质的变化而截然不同。意识到这一点，你就会注意到，就算是用脚踩向地面时发出的"咚"的一声，木质地板也要比水泥地面发出的声音更响亮；拍大腿比拍手的声音更低沉。相信很多读者都了解，木质乐器在梅雨时节会受潮，发出的声音会变得难听；金属乐器在温度高时音距会加大，发出的声音会失控。这些都能说明声音和材质是密切相关的。

这样一想，遇到墙壁、门、桌子时，我都会想敲一敲，听听它们的声音。

这样一敲，我竟发现了很多仅用肉眼观察无法知道的事。例如，有些东西的内部是中空的，有的材质是合板，有的则是实心板。

如果我不经意在女儿面前这样做，她也会觉得有趣而去敲门或敲墙，所以我很留心不被她发现。

而且，我经常会在进入房间之后，"啪"地拍一下手。大家也不妨这样试一下，在卫生间、玄关、装有木地板的房间、装有榻榻米的房间以及室外等不同的地方，你会发现：房间越大，"啪"声会越响亮；房间越小，"啪"声会略显低沉，而且声音更小。

如果房间很大，但是铺了地毯，声音也会小很多。在房间里"啊"或"哇"，听听不同的回声也很有趣。我和女儿也这样做过。

走在街上，如果我们发现有用石头和木头等不同的材料铺成的地面，我和女儿就会在上面跳来跳去，玩分辨不同的脚步声的游戏。比如，踩在木头上我会说"这声音很好听呢"，踩到石头女儿会说"啊，这个声音不怎么好听"等，两个人交替着去辨别声音。

美感是最好的家教
子どものセンスは夕焼けが作る

美感好习惯

子どものセンスは夕焼けが作る

怎么让孩子理解"质感"的概念？下面是几点小建议：

- 用餐时多和孩子一起描述食物的状态，这是训练孩子体会质感的好机会。这样练习多了以后，孩子会产生敏锐的洞察力，能够区分出是什么因素决定了事物的好坏。
- 常常更换一下餐具，让不同的食材搭配不同材质的器具，而不是永远用一成不变的白色餐具，这样不仅突显食物的质感，还能增添食欲。
- 声音也一样有质感上的不同，让孩子多注意聆听不同材质发出的声音，也是绝佳的练习。

美感是最好的教家

子どものセンスは夕焼けが教える

作

第 5 章
重视游戏

第 5 章　重视游戏

游戏提高感知力

到目前为止，我介绍了很多能够在日常生活中运用的提高感知力的习惯和方法。但是我认为，最有效的方法是全神贯注地投入一件事情。

前文提到的钢琴调音师村上辉久先生，他深受里赫特、米凯兰杰利等 20 世纪具有代表性的钢琴家的重视，甚至被誉为"能将所有钢琴变成斯特拉迪瓦里小提琴①的

---

① 斯特拉迪瓦里小提琴是由意大利小提琴制作家安东尼奥·斯特拉迪瓦里制作并以他的名字命名的小提琴，已经被视为高品质的象征。——编者注

东方魔术师"。他是一位兼具技术与品味的艺术巨匠。

我在采访村上先生时,曾问他:"该如何提升一个人的感知力?"他说了这样一番话:

> 我们经常听说,培养感知力的最佳方法是欣赏绘画作品。但我认为,全神贯注地投入一件事是锻炼感知力的最佳途径,但前提是这样的投入必须是自愿的。

村上先生为了把钢琴调出演奏者期待的音色,下了很多功夫。他学习过西洋美术史,还会把钢琴家演奏的乐谱买来研究。就是这样的坚持与用心,才造就了他敏锐的感知力。

对于成年人来说,忘我地投入一件事可以是专心工作或者每天用心做饭,而对于我两岁的女儿来说,还没有什么事情是非做不可的。

听了村上先生的话,我仔细思考了很久,对于我的女儿来说,什么才是她可以全神贯注去做的事呢?

每天完成穿衣服、上厕所、吃饭、刷牙,这些事情当然很重要,但能够让她"全神贯注"的事情几乎只有玩游戏了。据说,村上先生小时候就十分热衷于拆装乐器和机械。

第 5 章　重视游戏

　　而我现在能为女儿做的，就是帮助她养成良好的生活习惯，以及为她创造一个可以"全神贯注"的环境。因此，我会尽量多陪她一起认真玩耍。

　　当女儿专注地看《托马斯和他的朋友们》的动画片时，我会和她一起看。我们会边看边聊："啊，糟糕！出事故了！比尔和班也出来了。"

　　当她在浴室里一边洗澡一边玩浮球时，我会搅动浴缸里的热水制造漩涡。当女儿对我说"给我讲故事"时，我会认真地读故事给她听。我会陪她画画，我们一起画地铁、画房子。

　　在周末，我会尽量带她去公园挖沙坑、堆沙山、搓沙球。我也会陪她一边走路一边寻找落叶和虫子。

　　我会陪她假装打电话，玩"过家家"，我们都很快乐。我们还会一起用积木来搭建火车和轨道，努力开发新的车型。

　　当我把我和女儿的互动转化为文字之后，我发现这都是一些不起眼的小事。我不禁想："这样做真的有用吗？"

　　最近我有了更深切的体会，要让孩子沉浸在这些游戏中，我们只需要从旁协助即可，这就是让他们学会"全神贯注做事"的基础。

敲碗也是游戏

很多孩子经常会拿着筷子敲碗玩。我采访过的鼓手小的时候都无一例外地敲过碗。

音乐专栏作家工藤由美小姐曾告诉过我一个小故事。出生于喀麦隆、全世界炙手可热的"天才贝斯手"理查德·博纳（Richard Bona），他小时候总是在吃饭时用手打拍子，用叉子敲打桌子。为此，他经常受到父母的斥责，甚至还被讨厌音乐的父亲痛打。即便如此，5分钟之后，他又开始"咔嗒咔嗒"地敲起来，然后又被打，就这样不断重复。

据说，是理查德的外公一直保护他，并且觉察到他过人的天赋。

他外公是村中的音乐家，深受村民的爱戴。外公实在不忍心理查德被如此对待。有一天，外公怒斥理查德的父亲："你如果再这样打理查德，我同样对你不客气。"此后理查德终于可以安心地敲敲打打了。

与理查德·博纳相似，神保彰小时候也喜欢用筷子敲桌子。他是第一个登上世界权威的鼓乐杂志《现代鼓手杂志》（*Modern Drummer Magazine*）的日本人，无论实力还是人气，都是日本具有代表性的鼓乐演奏家。

第 5 章　重视游戏

成就如此卓越的神保先生,小的时候也喜欢把筷子当成鼓棒玩。他和兄弟经常一起敲打得不亦乐乎。无论妈妈怎么说,他们都装作听不见。无奈之下,妈妈只好去找他爸爸商量解决办法。

于是,爸爸第二天下班后去了乐器店,给他们买了鼓棒和练习台。小神保高兴极了,立即"啪啪"地敲起来。但是三天之后他就玩腻了。最终,鼓棒和练习台只得被放入了柜子里,这件事就不了了之了。而神保先生真正喜欢上打鼓,是在高中时期。

用筷子敲碗,确实不是有礼貌的行为。但敲打物体,并对所发出的声音感兴趣,这就是音乐的起点。相比廉价的乐器,用考究的材料制作的餐具和家具能发出更动听的声音。因此我建议,给孩子玩旧碗筷和盛水用的玻璃杯,或者给他们买打击乐器,这些乐器的声音比敲打餐具、桌子更好听,否则,孩子不会停止敲打桌子,因为桌子是他认为的能发出"最好听"声音的东西。

虽然学习礼仪很重要,但是,当孩子开始敲打桌子时,这就是让他了解声音的绝好机会。我们可以引导他敲打或玩耍乐器、鼓棒,甚至是空罐子。

我女儿偶尔也会变成"餐桌鼓手"。这时我会开心地想:"她好像对打击乐感兴趣,下次生日我就送她小鼓当作礼物吧。""这个盘子发出的声音并不好听。""是不是用勺子敲比用筷子敲更响呢?"并且我偶尔会和孩子一起敲着玩一会儿。偶尔玩得耽误了吃饭,我也会及时叫停:"饭还没吃完,来,我们一起吃完再玩吧。"

虽然不值得大声宣扬,但是,如果和孩子一起尽兴地敲打一番,相信孩子很快就能够收回心思好好吃饭。

可以 DIY 的乐器

孩子们可以自己动手制作他们喜欢的乐器。

有这样一群老师,他们在小学的音乐课中加入了"制作乐器"的课程,从而大大提高了孩子们的感知能力。

有一个叫作"YOISA 之会"的音乐教育组织,它的成员汇集了在东京都内任教的小学音乐教师。

这些老师会在音乐课上带着学生来到屋顶,铺上垫子,让他们躺 15 分钟,通过这种方式让他们仔细聆听风声、树叶声以及远处教室传来的声音。

我去采访"YOISA 之会"时,有幸参加了制作乐器

第5章 重视游戏

的课程。这些手工乐器，有"吸管笛子"，它是在底片上插入吸管做成的；还有"水罐"，先在空易拉罐内注入水，再叠放上另一个空易拉罐，并用胶带固定在一起。将这个水罐颠倒，就可以听到"咕噜咕噜"的水声，十分有趣。

这样的课程更像手工课。我们不断探索着"放入不同量的水，声音会有何不同""吸管应该以怎样的倾斜角度来固定"，在这个过程中听到了很多不同的声音。

我家也有一件DIY乐器。那是一个"摇铃"，制作方法是把两个空的布丁杯粘在一起，并在里面放入红豆。

这是我女儿在幼儿园做好带回来的。虽然它已经破旧不堪，粘连部位的胶带开了又粘、粘了又开，但女儿还是对它爱不释手。

除了制作手工乐器以外，还有很多更加简单的声音游戏。

当你向玻璃杯中倒啤酒时，你可以把耳朵贴近杯子，去听泡沫"啪嗒啪嗒"破裂的声音。

只要她爸爸开始倒啤酒，我女儿就会立刻放下手中的玩具飞奔过来，指着刚倒好的啤酒说"借给我一下"，然后把杯子放在耳朵旁，一边投入地听一边发出"嘿嘿嘿"的笑声。

我也同样抵挡不了声音的诱惑，偶尔会把耳朵贴在盛着啤酒的杯子旁，凑近到泡沫都要粘到耳朵的距离，就会忽然听到"啪嗒啪嗒""扑哧扑哧"的声音。

另外，摇晃装着石头或沙子的塑料瓶，或者轻吹啤酒瓶口，都是很好玩的声音游戏。

生活中的声音素材非常丰富且无处不在。多加留意就会发现，甩动购物袋会听到"啪沙啪沙"的声音，敲击锅或碗、椅子或桌子都会有不同的声音。

同样的力度，敲击手心、木块、金属汤匙发出的声音完全不同；同样是塑料袋，材料和大小不同，发出的声音也有微妙差异。啤酒泡沫破裂的声音，说不定也会因为啤酒品牌、杯子大小而有所不同。

选择乐器，音色第一

与声音动听的 DIY 乐器相比，品质低劣的音乐玩具的音质就差得多了。那些使用天然材质制作的打击类乐器和 DIY 摇铃基本上没有问题，但是，一定要小心玩具店中各式各样廉价的电子乐器。

第5章 重视游戏

有一次在跳蚤市场上,我们看到一个印有卡通人物、口风琴大小的玩具钢琴,只要150日元。女儿对家里的钢琴熟视无睹,却对这个玩具钢琴爱不释手。于是,我给她买了下来。

回到家,我给玩具钢琴装上电池,本来想为女儿弹一首《郁金香》,然而,当我按下"DoReMi"键,它发出的却是"ReMiFa"的音,吓了我一跳。"DoReMi"变成了"ReMiFa",就像这样,所有的音阶都升高了一个音。

孩子在幼儿时期听到的音阶就像被纸吸收的水一样,会被大脑全然吸收,成为音感的基础。正因如此,给孩子玩经过正确调音的钢琴当然没问题,但是,如果孩子玩着音准有误的乐器,记住了错误的音阶,后果会很严重。音感一旦形成,是很难修正的。想到这些,我一时间不知所措。但女儿高兴极了,按动着琴键玩得很起劲儿。

我决定先不把这个玩具拿走,而是给她找一个其他的玩具钢琴,之后我便开始寻找音准的玩具钢琴。但是,我在玩具店里试过音之后发现,按下"Do"却发出别的音的玩具钢琴不计其数。而且,与大人使用的专业的电子音乐合成器所发出的电子音相比,这些玩具钢琴发出的声音尖锐又刺耳。

最后，我从网上购买了专业乐器厂家生产的平台式玩具钢琴。它不是电子乐器，琴身装有铁琴的琴管，所以能够发出和铁琴一样悦耳的声音，而且它经过正规调音，所以能够保证音准。

现在，每当我看的音乐会 DVD 播放到钢琴家的镜头时，我女儿就会坐到钢琴前，高兴地"当当当"弹奏起来。

虽然她依然十分喜爱之前那个玩具钢琴，但现在已经不再弹奏它，只是按上面的节奏按钮或者示范演奏的按钮玩，这样并不会有什么问题。

乐器有可爱的外观当然很重要，但若是仅凭借外观好看而买到了声音糟糕的乐器，就得不偿失了。考虑到这层风险，就算是玩具乐器，也还是选择品牌乐器厂家的产品更让人安心。对于那些并非乐器制造商生产的廉价电子乐器，要特别谨慎。

前几天，我心血来潮，从橱柜中拿出了我的小提琴。我刚从尘封的琴盒中取出小提琴，女儿就对我说："妈妈，我想玩这个小提琴，我会保护好它的。"拿到琴后，她就抱着不撒手，着迷地玩了足足一个小时。

这把成年人使用的小提琴对女儿来说实在太大了，小提琴被她抱着，看起来就像大提琴或低音提琴一样。她不会使用弓,拉不出正确的音阶。即便如此,女儿还是执着地"邦邦邦"拨弄着琴弦,看起来高兴极了。

看到女儿着迷的样子,我不禁高兴地想:"是不是可以让她去学小提琴呢?"但稍微冷静了一下,我认为女儿之所以对小提琴产生了如此大的兴趣,应该是由于这是一件真正的乐器。虽然她并不能拉出正确的音阶,但琴能通过共振发出声音,而且琴弦振动的触感也棒极了,把它当作玩具,也足够好玩。

这把小提琴是我大一时花了大约6万日元买的,我在学生时代的交响乐团里使用了三年。另外,我在中学当音乐老师时也经常在课堂上使用它。后来,在特殊学校工作期间,我曾带着它去探望因身体问题无法来校的学生,听完演奏,他们都会十分开心。

我现在已经很少拉这把琴了,它却变成了女儿的玩具。

由此,我对乐器有了新的理解,真正的乐器可以长时间使用和把玩,性价比真的太高了。

总之,不要被乐器的价格和外观所迷惑,用心感受声音的魅力,动听、有趣才是最重要的。

传统游戏不能少

现在许多孩子的肌肉和手指力量,似乎变得很弱。

吴晓老师教授少儿钢琴30多年,她的《歌与钢琴的绘本》取代了传统的音乐教材《拜厄》成为最畅销的音乐教科书。在一次采访时她对我说,为了锻炼孩子们的手指力量,她鼓励孩子们玩沙包。

的确如此,如果连丢沙包都不会,又怎么能在弹钢琴时表现出复杂情绪下的爆发力呢?

千万别小看折纸、丢沙包、唱儿歌、翻绳这样的传统游戏。听说,吴老师在她的钢琴教室里,会准备图画本、折纸和翻绳。

指挥通常用三角形和四边形来表示音乐中的三拍和四拍。所以在此之前,孩子们必须先了解三角形和四边形的差异。

无论是为了让孩子建立图形的"感官抽屉",还是为了练习手部肌肉的力量,折纸和翻绳都是非常好的方法。

吴老师不只在课堂上鼓励孩子们玩传统游戏,她还向妈妈们提倡,在家里也要让孩子们这样做。

可是,这些手部游戏和儿歌正在快速消失。一位小

第 5 章　重视游戏

学老师曾说过，在他担任二年级老师时，发生了一件令人震惊的事。

在一次以"听着音乐摇摆身体"为主题的课堂中，孩子们竟不能灵活地摆动自己的身体。左思右想后，这位老师推测问题可能出在"孩子们不知道这些儿歌"上。

于是，这位老师开始教孩子们学唱儿歌。其中，对《仙贝烤好了吗？》这样的歌曲他们很快就记住了，但是对《预备开始123》或是《猜拳猜拳看谁赢》这类歌曲，想要唱得合拍必须有瞬间的判断力，孩子们一开始唱得并不顺利。

实际上，儿歌是所有歌曲中最自然、最朴素的，也是孩子的音乐启蒙、语言启蒙的绝佳载体。可以说，不唱儿歌就让孩子去学卡通歌曲，这样的顺序本来就不对。

我在研究生时学习的是音乐教育专业，对儿歌的作用有所了解。因此，我本来也很想教女儿唱儿歌的。但听了吴老师的话，我发现自己忘记了《猜拳猜拳看谁赢》的歌词。想来，自从小学毕业，我已经20多年没有唱儿歌了。

前文中曾提到，《游戏学日语》节目中的儿歌我都还记得。除此之外，还有哪些我儿时唱过的歌曲呢？我在网络上查询了起来。

找到儿歌网站，我开始借助它努力回想。在此过程

美感是最好的家教
子どものセンスは夕焼けが作る

中，我一边看着电脑屏幕上的歌词，一边哼唱起"猜猜猜，猜拳猜拳看谁赢"，真是滑稽极了。

我唱《锅子锅子锅底穿洞》唱得还比较好，但是，像《冒泡泡》《你打哪儿来》《一只乌鸦》《大寒小寒》《茶壶来了快走开》《花一钱》这样的歌，明明儿时唱过很多次，现在却不能流畅地唱出来了。这让我十分惊讶。

首先，我想起了《猜拳猜拳看谁赢》这首歌，决定每天在给女儿洗澡时唱。虽然在猜拳时唱这首歌还有一些难度，但它的旋律十分好记。光是唱着"猜拳猜拳看谁赢"，心情就会变好。

最近，女儿在幼儿园学了《庙里和尚播下南瓜种子》这首手指谣。我兴奋地告诉女儿："这首歌妈妈也会！"然后我们一起开心地玩了起来。唱到"发芽了，长出花苞来"这句时歌词还完全一样，可是女儿接下来唱的歌词却是："花开了，又枯了，撞到东京铁塔转了一圈，剪刀石头布！"这让我太意外了。花枯了？东京铁塔？这和我小时候的歌词完全不一样。

但是，和女儿一起唱了之后，我发现新的版本确实更有趣。或许正是因为这样的不断传唱、不断改编，手指谣才始终那么有趣吧。

第 5 章 重视游戏

我同样找到了折纸和翻绳的网站。

找到折纸的网站后,我马上尝试了网站推荐的"手里剑"和"连衣裙"。于是,我又在电脑前拼命地折纸。连衣裙出乎意料地简单,而手里剑需要把两张纸组合到一起,有些难度。我观看了很多次折纸动画教程,做好时不禁大喊:"终于成功了!"

年幼时不擅长折纸的我,现在竟能折得这么好,我真的高兴极了。本来是为了教女儿才动手搜索的,没想到自己先玩得这么开心。

在折纸网站上,各类折纸方案应有尽有。相对简单的包括小狗的脸、马的脸、猫的脸、老鼠的脸、狐狸的脸、企鹅、火箭、铅笔、火车等;相对难的包括铅笔盒、名片夹、钢琴、香包、储物盒、青蛙等。

传统的游戏和现在的玩具相比,好处数不胜数。不但不用花钱,孩子们也不容易玩腻,而且家长们收拾物品也更轻松。

我刚开始做功课时,本来是抱着"为了孩子的成长不得不做"的心态,但开始之后,自己却先沉迷其中了。

今后,我会继续学习儿歌、折纸和翻绳,并将它们逐一教给我的女儿。

美感是最好的家教
子どものセンスは夕焼けが作る

美感好习惯

子どものセンスは夕焼けが作る

　　培养感知力的最佳途径是全神贯注地做一件事，怎么帮助孩子全神贯注地做事呢？下面是几点小建议：

- 认真游戏。无论是拼乐高、画画还是玩"过家家"，甚至是敲碗，只要孩子能沉浸其中，父母只需要从旁协助，就是在给"全神贯注"打基础。
- 选择音质好的玩具，即使是玩具乐器，也不能只图外表好看。如果长期玩音质差的玩具，孩子一旦形成了错误的音感，后期会很难修正。
- 丢沙包、折纸、翻绳这样的传统游戏也很重要，能有效锻炼孩子的手指肌肉和爆发力。

美感是最好的家教

子どものセンスは夕焼けが作る

第 6 章

漂亮妈妈培养美好孩子

第 6 章　漂亮妈妈培养美好孩子

辛苦的时候去跳舞

我在前文中和大家分享了很多可能对育儿稍有帮助的方法。但是,在育儿的过程中,人难免有感到心力交瘁,或者觉得"我怎么会变成这样",继而对生活产生得过且过想法的时候。这个时候,眺望夕阳不会觉得"好美",也不想陪孩子一起画画,这都是很正常的。

在我看来,茁壮成长的孩子是那么耀眼,而回头看看镜中的自己,却显得疲惫不堪、表情呆滞,甚至像极了一块抹布。

但就算是抹布,如果不及时清理身上的污垢,也会失去原本去污的功能。同样，为了打磨孩子的心灵，妈妈也要懂得取悦自己，不断让自己的内心焕发新的活力。

一定会有妈妈认为："我根本没有多余的精力啊。"但是，看看那些我接触过的音乐家们，往往越是优秀，就越能在极限状况下积极地转换心情。

比如，作为研究德彪西和拉威尔音乐的专家而为人熟知的钢琴家中井正子小姐，在17岁时只身来到法国巴黎音乐学院留学。在留学之初，除了钢琴课程外，她还选修了踢踏舞课程，这让我十分惊讶，在独自留学初期那样艰难的状态下，她竟然还有心情去上别的课程。

中井小姐曾对我说："正是因为去上了踢踏舞课，我才不至于陷入情绪低谷，并且一直坚持了下来。"

另外，钢琴家小山实稚惠小姐在接受采访时，给我讲述了她出征肖邦国际钢琴比赛的故事。

为了参加比赛，她暂住华沙，练完琴后她就会去华沙的街上散步，兴致勃勃地寻找可爱的纪念品。但其他参赛者中，有不少会由于紧张导致发烧或患上肠胃炎。小山小姐笑眯眯地对我说："我是那种什么事都不太放在心上的人。"也正因如此，在正式比赛时，她才能够凭借比别人更加轻松流畅的演奏获得第4名。由于小山小姐此前已

第6章 漂亮妈妈培养美好孩子

经在柴可夫斯基国际音乐比赛中获奖,她作为首位同时在肖邦国际钢琴比赛和柴可夫斯基国际音乐比赛中获得荣誉的日本人而引起热议。

现在,无论从知名度还是从实力来说,她都是日本古典音乐界的代表性钢琴家,并且她依然在积极地进行演奏活动。

直至今日,日本社会中的主流观念仍然是妈妈要凡事以孩子优先,认为把自己的事往后放的妈妈才是好妈妈。当然,这比对孩子不闻不问要好太多了,但理想的状态难道不应该是孩子和自己同样重要吗?

如果一个家庭要维持最低限度的生活已经很困难了,那么把孩子放在第一位是理所当然的。但是如果生活条件还不错,早就超过了温饱状态,那么在育儿的过程中,让自己容光焕发、充满活力也是十分必要的。

像新娘一样光彩照人

很多人会觉得,做妈妈之后就没必要在意自己的形象了。

但是妈妈是每天都要和孩子接触的人。只要和人相处，形象就会产生极大的影响。在这里，我用雅乐师东仪秀树的例子来进行说明。

雅乐是从丝绸之路流传到日本的音乐，现在已广为人知。东仪先生吹奏的乐器笙篥，由于它"治愈系的音色"而拥有极高的人气。然而遗憾的是，在东仪秀树先生出现在电视上之前，雅乐在日本音乐中几乎无人问津。

1995年我学完了研究生的课程，并以"中小学的雅乐课程"为题目写了一篇论文。当时在雅乐的课堂上，只要一播放雅乐，学生就会满脸疑惑地问："这奇怪的声音是什么？"这令上课的老师十分头疼。

甚至有学生在调查问卷中评价笙篥这个乐器"就像唢呐一样，很吵"等，因而把笙篥选为最讨厌的乐器。

但东仪先生的出现改变了中小学生对雅乐的印象。雅乐突然变成了个性的象征，这简直是180度大转弯。现在老师们表示，在课堂上播放雅乐变得毫无压力了。

我认为，让雅乐成为新潮流的重要原因，是东仪先生优雅的形象。他身穿衬衫、皮裤，像拿雪茄一样拿着笙篥，样子帅极了。直到现在，演奏传统雅乐时一般都要身着平安时代的服装。在担任皇室乐师时，东仪先生也是身

第 6 章　漂亮妈妈培养美好孩子

着传统服饰进行演奏的，不过进入演艺圈以后，他就改穿时尚的服装了。

观众首先被他英俊的外形所吸引，然后对他用雅乐乐器演奏的原创歌曲产生了兴趣。这也给大家做好了心理建设，不仅破除了"雅乐很俗气"的刻板印象，还让大家开始欣赏筚篥音色的优点。

如果不是东仪先生如此潇洒的演绎，雅乐也许到现在仍然是一种"跟不上时代"的古老音乐呢。

也许东仪先生演出时的形象就是他平常的状态，并不是东仪先生故意塑造出来的。但是，一个人的外在形象是内在世界的显现。尤其是在电视、报纸或杂志这样的大平台上，为了让数以百万计的陌生人产生好感，讲究形象并以时尚的造型示人是十分必要的。

相比那些出于工作需要而经常出镜的人，育儿过程对外形的要求没有那么高。但是，孩子在一年 365 天中与妈妈相处的时间最长，妈妈的形象对孩子品味的影响不可小觑。

在生活中，人的状态各种各样，但结婚仪式上的新娘都很漂亮，也许是因为洋溢着幸福的笑容，也许是结婚典礼现场氛围的衬托。但我认为，这更多得益于服装和化

美感是最好的家教
子どものセンスは夕焼けが作る

妆师的专业技术。

之所以如此确信，是因为我经常看到歌手在采访现场拍摄照片时，都会带着自己的化妆师和造型师。

当然，每一位歌手都看上去很漂亮帅气，为了拍摄，他（她）们甚至会花上一个多小时的时间来请化妆师化妆、打理发型。造型师还会带好几套服装，其中包括包、鞋子等配饰。有时，一位歌手身边连同经纪人、造型设计师的助手，会跟着六七位工作人员，就像一个小团队。

一般接受采访前，歌手需要一个半小时左右来化妆。在等待时，我不禁想，自己大概只会在结婚时这么认真地化妆、选服装吧。

从此以后，每当有女演员或音乐家出现在电视上，我就会想："这些人本身就长相可人，而且还花了很长时间打扮，他（她）们出现在电视上之前的一个小时，可能都坐在镜子前面吧。虽然这是他们工作的一部分，但真是辛苦啊！"

当然，我们平时打理自己的外表并不需要像演员、歌手上台前那样精雕细琢，只要能提高一些好感度，为自己增加一些"嗯，就是这样"的自我肯定，以这样的标准保持好自己的形象就可以了。

看了化妆师和造型师工作时的样子，我决定不管有没有出门的打算，都要在一定程度上保持良好的形象。这并不奢侈，相反，这对妈妈和孩子都十分重要。

每月至少理一次发

我再来谈谈发型的重要性。从某种程度上来说，姿态和发型其实是一体的。

据说，相比于注重服装，出现在公共场合的女主播或记者会更注重发型。某著名主持人曾说过，她在外出前一定会请发型师帮她整理头发，所以发型师几乎每天都会来她家。那段时间她经常出镜，她知道发型会带给人完全不同的印象，所以不惜在发型上做了重大投入。

对于正在照顾幼龄孩子的妈妈来说，想要参照上述做法是十分困难的。尽管如此，在条件允许的情况下，坚持定期去理发店还是很值得的，因为发型具有改变一个人精神状态的力量。

上大学时，我总是会找各种各样的理由不去理发店，比如没有钱、人忙等。但成为作家之后，我了解到前面提

美感是最好的家教
子どものセンスは夕焼けが作る

到的那位著名主持人也会花许多时间和金钱在发型上，所以如果没有其他重要的事情，就算再难，我也会一个月去一次理发店。

也许是因为剪了短发，现在只要剪完超过三周，我就会开始留意，看哪一天去理发店。虽然要挤出时间很困难，但是养成习惯之后，我反而无法忍耐任由头发变长的行为了。

有一次剪发时，理发师和我说道："12月是我们最忙的时候，常有三四个月甚至半年没有剪头发的客人蜂拥而至。大家几乎都是因为年底回家过年，要和好久不见的亲戚见面，才要打扮漂亮的吧。"

我很理解这样的心情，虽然平时很随意，但会在意许久不见的亲戚的眼光。

但是，就算是为了生活在一起的家庭成员，我也决定要勤去理发店，这绝不是无谓的奢侈。

如果实在去不了理发店，也要自己下些功夫。就像我的芭蕾舞老师，她总是绑着漂亮的马尾，每周还会变换造型，留给人不同的印象。她有时左右两边扎着麻花辫，有时会把两边的麻花辫绑到一起，有时会扎丸子头，有时会把前面的刘海放下来，有时会把刘海二八分并且戴上漂亮的发饰。就算只扎一个辫子，她也会变换发型，有时扎在左边，有时扎在右边，也会把头发分成不同的小区域然后绑起来，等等。看着老师的发型，我不禁想到，不同的发型风格，确实会让每节课都充满新鲜感。

她不仅经常去理发店，还会自己花功夫做很多新的尝试。我想，如果自己能把头发编成这么漂亮的样式，就算不去理发店也没问题。

自己剪发也是一种方法。没错，我的头发就是自己在剪的。老实说，我最近迷上了给自己剪头发，起因并不是工作太忙碌，而是想节省去理发店的时间。头发长长了总会很难打理，让人很烦躁。对了，说起来，我女儿的头发也一直是我给她剪的。起初我想着，剪坏了大不了再去理发店修整就行了，于是试着剪了一下，好在倒还看得过去。

如果说理发店剪出来的发型是 100 分，那我自己剪的大约可以打 70 分。用打薄用的牙剪来一点一点地剪，就不会有太大失误。比起放任头发长长，自己随时修剪肯定要好得多。如果我早上起来发现自己头发蓬乱，那一定是头发太长了。我会当场拿起剪刀开始修剪，整个人立刻就会变得神清气爽。习惯后，自己剪发竟变成了一件趣事。

前几天回娘家，我还替父亲修剪了散乱的头发。

一定会有人质疑，怎么可以自己剪头发呢？的确，对于要上电视的人或是高级商品的销售员来说，对这种做法可能连想都不会想。然而，除去发型或发质的原因，与其偶尔去一次理发店之后就放任不管，还不如选择在意识到头发长长了之后便立刻自己动手来剪，这样会更加让人心情舒畅。

自从开始自己剪头发，我越来越有自信，确信"自己随时可以简单地修剪头发"。由此我也不用再担心"当我的头发太长却没时间去理发店时，接到重要的采访任务要怎么办"了。

外出用餐，恢复元气

无论是谁，如果经常被忽视，都会变得孤僻。作为妈妈，无论自己多么想称赞孩子，但在自己都得不到称赞的状况下，是很难由衷地发出赞美的。

成为妈妈后，同时处理好家务、育儿、邻里和亲戚关系，并且平衡好家庭和工作，被当成理所当然的事。冷

第6章　漂亮妈妈培养美好孩子

静想想，我不禁长叹一口气。因为，似乎母亲这个角色一直没有得到应有的称赞，甚至听到一句"你真的辛苦了"都是种奢侈。

"赞美不足"会侵蚀自尊心，渐渐地会让妈妈说不出夸奖孩子的话语。如果察觉到自己有这样的感觉，请一定要马上排解。

我排解"赞美不足"这种感觉的方法，就是中午只身外出吃午餐。以前我会觉得这样做很奢侈，但是过去的一段经历改变了我的想法。

女儿在一岁半时渐渐习惯了上幼儿园的生活，与此同时我恢复工作也有半年了，然而就在这段时间，我的内心突然遭受到强烈的烦躁和忧郁的袭击。

那时，我正在撰写一本几年前未完成的书，为此我几乎拒绝了其他所有工作，闭门在家，一边和大量的资料"搏斗"一边写稿。这样的生活持续了很长时间。为了弥补因生育造成的工作空白，我十分焦虑。

在长达两三个月的时间里，除了接送女儿上下幼儿园外，我始终在拼命工作，没有外出，也没有与别人见面。但是，写作总是没有实质进展。然而，这是我自己想要做的事情，我没埋由去向别人抱怨。

直到有一天，我不禁嘟囔出声："太累了……"随即，我的眼泪止不住地流下来。那时，我自己意识到"这样下去不行"，甚至考虑自己是不是应该去医院配一些精神安定剂之类的药物。

但是，去医院还要花挂号费和药费等。我心想："与其这样，还不如悠哉地去餐厅美餐一顿。"确实，自从女儿出生后，我几乎从未独自在外用餐。这段时间，我每天午餐都只是吃一些简单的剩饭。于是我决定，用连续5天在外用餐来代替去医院和吃药。

这使我想到了以研究德彪西而闻名，同时也精于文字的钢琴家青柳泉子，她在一篇文章中写道："我每天中午都会在附近的简餐餐馆吃饭。"青柳小姐的住所附近有很多面向大学生的价格实惠的简餐餐馆。读到这里时，我惊讶地感叹道："啊，是吗，她原来会这样做，真不简单。"其实钢琴家也一样，闭关在家中练琴就是他们的工作。

也许对于她来说，外出用餐对改善心情有重要的意义。

第二天早上起来时，我会很自然地想道："今天中午要吃什么？要去哪里吃呢？要穿什么去啊？"突然整个人都精神倍增。因为已经决定了中午要出去，上午的写作进行得前所未有的顺利。此后，我久违地换上了漂亮衣服，走路到车站前的餐厅，一个人悠闲地享用午餐。

饭后喝着餐厅服务员倒的茶，享受着片刻的惬意，这让我感到全身心的放松。只要坐着就会有食物端上桌，用餐后还有人收拾，这是多么让人心情舒畅啊！一顿别人为我烹饪的饭菜，竟然能带来这么轻松自在的感受，这种感受是从前在外面吃饭时无法体验到的。

在那之后的一周里，我继续在外面吃午餐，果然，那种我曾经对其无可奈何的烦躁感迅速消退，沉着的状态又回来了。这让我重新思考烹饪、饮食行为背后的意义。

品尝他人为你做的饭

我曾听一位音乐人说："录音时如果饭菜不够好吃，会影响声音的品质。"

录音是一项十分枯燥的工作，需要长时间处在密闭的工作室中，反复地进行演奏和回放，所以大家会十分期待休息时的饭菜，如果在饭菜上齐齿，整个工作室的氛围都会发生变化。因此，据说优秀的经纪人或制作人就算在其他方面削减预算，也会订好吃的饭菜。

听说，钢琴家和泉宏隆先生有着可以和专业厨师比肩的厨艺。有一次录音时，由于吃腻了外卖送来的饭菜，他竟然自己去买了便携式瓦斯炉和食材，在工作室做起了味噌汤和蔬菜乌冬面。正因如此，他让工作室产生了家一样的温暖氛围，当天的演奏也十分顺利。

此外，据说经常在日本全国大赛中获胜的女子高中合唱团会在练习的间隙发零食吃，这样做之后，尽管老师没有什么特别指示，她们的声音却会突然变得更好听。

毕竟，人也是一种动物，尽管理性上知道"应该这样"，却仍然无法违背本能的强烈欲望。想来确实如此，品尝美味的饭菜和零食不光能让人精力充沛，也使人更容易专注于手头的工作。一旦长大成人，能够花心思为自己提供美食来抚慰心灵的就只有自己了。

成为父母之后，许多人都要操持家中的一日三餐，几乎是365天全年无休的状态。负责家中三餐的你，一定要保留一个机会，享用别人为你做的饭菜。

每一餐都自己做的人特别懂得，能吃到别人做的饭菜会带来惊人的能量。原因如何？我猜想，这可能与交感神经和副交感神经有关。

第6章 漂亮妈妈培养美好孩子

吃饭时，人体处在放松状态（副交感神经优先）。但是，如果在吃饭前后加入做饭和饭后收拾这样的劳动（交感神经优先），那么在吃饭时人也会处于持续紧张的"工作状态"，因此无法放松，身体也得不到休息。

小时候，家中一定是妈妈或者其他大人来做饭的，而对于成年人来说，自己做饭是理所当然的事。平时，我们必须是孩子的依赖，而偶尔一餐依赖别人，就当作是维持自己理想状态的必要调剂也未尝不可。

艺术家为了保持自己的创造力，需要汲取各种各样的能量。只是一味输出，终有一天会思路枯竭。作为妈妈，情况同样如此。可以偶尔求助长辈，或是和同为妈妈的朋友带着孩子一起外出用餐，也可以全家一起共同用餐，偶尔点比萨或寿司等外卖也是不错的选择，一切方式都可以。我们需要偶尔品尝别人做的饭，为我们的体力和精神充电。

如果写稿不顺利，我就会去外面吃午餐，不管是去汉堡店、乌冬面店还是回转寿司店都好。从店里出来后，我立刻会感到精力充沛，下午的写作便会进展迅速。这旺盛的精力会一直延续到晚餐的时候，这让我有了增添菜色的力气，我会有余力多做一道凉拌菠菜或者羊栖菜之类的小菜，还会削个苹果。多吃一道菜，精神当然又更好了。这真是一个很棒的良性循环。

好妈妈需要好体力

大家一定都有切身体会，在育儿过程中体力很重要。其实不光在养育孩子这件事上是如此，如果一个人想要在音乐或者美术领域做到出类拔萃，只有才能还不够，体力更是一项关键因素。

我采访了参加肖邦国际钢琴比赛的钢琴家，这让我了解到钢琴比赛对体力方面的极大挑战。参赛者进入备选之列后，要开始进行一次、二次评审，随着参赛者逐渐被淘汰，最后剩下的几名选手要与交响乐团共同演奏30分钟以上的长曲。

此外，参赛者还必须同时忍受时差、吃不惯的食物以及酒店生活的不便等。而且，日程安排和注意事项都是用外语进行广播。参赛者只能在固定的时间用陌生的钢琴进行练习，同时他们还不得不顶着巨大的心理压力进行演奏。以上这些，如果没有强大的精神力量和强健的体魄是

第 6 章　漂亮妈妈培养美好孩子

很难做到的。

有不少钢琴家为了增强体力,一直保持着游泳的习惯,比如拥有极高人气、常驻 NHK-FM 的广播节目《为你弹唱》的钢琴家小原孝。他曾说:"就是由于开始游泳,肌肉变得更加结实,钢琴才弹得比以前更有力量了。"他还获得了日本游泳协会的"第六届最佳泳将奖"。钢琴家中村纮子也曾在多次采访中说道:"比起网球和其他任何运动,游泳是最理想的运动方式。"

热播歌曲《丸子三兄弟》的演唱者、NHK 的歌星茂森步美小姐,不仅拥有明媚的笑容,还有一副经过芭蕾舞锻炼的健康体格。我采访茂森小姐时,碰巧是她刚生完孩子半年的时候。虽然她嘴上说着"一直睡眠不足",但她的脸上看不到一丝疲惫,皮肤也光泽紧致。

茂森小姐恰好和我年龄相同,但是她明显比我年轻,而且更有神采。虽然和她比较显得有一些不自量力,但是我真的很好奇为什么会有如此大的差异。在我的询问下,茂森小姐道出了她的保养秘诀。原来,她从小除了要上钢琴课和声乐课之外,还一直在学芭蕾舞。就算在初三的时候,她也要每周上 5 天芭蕾舞课。因此,就算是睡不好,她也仍然看起来十分有精神,这正是得益于她从小给学的锻炼。

美感是最好的家教
子どものセンスは夕焼けが作る

看到每天早上出现在儿童电视节目中的女孩朝气蓬勃地高喊着"大家好吗",睡眠不足、体虚无力的我就会叹息道:"她们的精力真旺盛呀……"

其实,为了采访茂森小姐,我专门做了一些调查。我了解到,茂森小姐参加的一档歌唱节目在平时录影时特别严格,就算身体不舒服也不能休息。她也会有体力不支的时候,但是只要一站在摄影机前,她就能展现出十足的活力,不愧是专业人士。为此,只有专业的态度还不够,还需要有极强的身体素质。

生完孩子一年后,我的腰痛仍然十分严重,这让我下定决心要锻炼身体。在见过茂森小姐后,我更加切身地感觉到了锻炼身体的重要性,于是我做出了一个重大决定——学习古典芭蕾。

我去参加了古典芭蕾的体验课程。在对芭蕾舞一知半解的情况下,我看着身边示范的老师,拼命地做了一个半小时的手位、脚位练习。没想到优雅的芭蕾舞跳起来这么费力,在那样凉爽的季节,我跳得汗流浃背。在课程的后半段,虽然我已经跟跟跄跄、体力不支了,但是我仍然一直坚持到了最后,没有中途休息。我都不记得上次这么彻底的运动是什么时候的事了,真是神清气爽极了。

第6章　漂亮妈妈培养美好孩子

第二天，我还担心自己会肌肉酸疼，没想到不但不疼，连一直以来的腰痛也神奇地消失了。不仅如此，肩膀酸疼、小腿水肿的问题也全都不见了，全身有一种久违的舒畅感，我简直高兴极了。是不是长期以来滞留在我腰部、背部血管中的"疲劳物质"都随着汗液流走了？我真的太想保持住这样舒爽的感觉了。

我特别兴奋地将我的身体反应告诉芭蕾舞老师，她回答说："那你真的太缺乏运动了。"确实，自从怀孕之后，我一直没有做过像样的运动。

从那以后，我都会专门抽出时间来运动，比如，我会去芭蕾舞教室练习，或自己做拉伸，而且只要可以步行，我就一定不会骑自行车来节省体力。在保持运动之后，我的腰痛慢慢消失了，而且身体的整体状况也有了好转。越是身体疲倦时，上完芭蕾舞课之后的身体状态越好，这真是不可思议。

在我上课的"成人芭蕾舞"班里，有好几位四十多岁的学员已经持续练习芭蕾舞20多年了。有位学员还鼓励我说："我也是生过孩子之后腰特别痛，但自从练了芭蕾舞之后，恢复得特别好，而且芭蕾舞学习就算中断了也很容易接上。"

美感是最好的家教
子どものセンスは夕焼けが作る

在孩子还小的时候，独自抽出时间来运动确实很难。即便如此，我每天也会做些仰卧起坐或者广播体操，或是步行接送孩子上下幼儿园。就算是这些简单的运动，也会让身体越来越轻快。然而，如果几天不做运动，身体就又会变得僵硬，腰也会突然痛起来。

为了保持充满活力和精神的面容，也为了让精力更加集中，我们要好好锻炼身体。这个说法好像是老生常谈，但这是我的切身体会，想要扮演好妈妈的角色，这一点至关重要。

第 6 章 漂亮妈妈培养美好孩子

美感好习惯

子 ど も の セ ン ス は 夕 焼 け が 作 る

育儿是一件非常耗费心力的事,很多妈妈都会无意识地忽视自己。想要打磨孩子的心志,妈妈也要懂得取悦自己。下面是几点小建议:

- 定期维护发型,穿得体的服装,哪怕时间不够,也要挤出精力这么做。
- 定期外出用餐对改善心情非常有帮助,尤其在辛苦了很长一段时间但又得不到赞赏的时候。
- 妈妈也需要好的体力,越是身体疲倦时越应该运动起来。

美感是最好的家教

子どものセンスは夕焼けがつくる

第 7 章
制作"感官抽屉"

第 7 章 制作"感官抽屉"

努力吸收更多的才艺

欣赏杰出的绘画、音乐作品时,我们首先会被它们的表面技艺所吸引。品尝美味的菜肴时,我们也会首先注意到刀功、烹制方法。但是,对出众才能和精湛技艺的关注,其实是个人的观察力、感知力等"吸收"能力的体现。

我第一次明确地认识到这一点,是我和太田老师的学生雪乃交谈的时候,当时我正在为撰写《苹果不是红色的》这本书收集材料。

在太田老师的美术课堂上,正当雪乃给向日葵的茎涂颜色时，太田老师问她："这个颜色真的合适吗？"于是她开始反省自己草率的色彩搭配，之后她羞愧地和我说："是因为我没有做好充分的'调查研究'……"

随后，在画板上重新调色之前，她再次仔细观察了向日葵茎的颜色。在重新调动自己的"吸收"能力后，她明显提高了画作"展现"出来的品质。

我刚成为作家的那段时间，总是急于求成，只注重"展现"的部分。后来我才懂得，若用性能不好的扫描仪读取图像，就算用再好的打印机来印刷，也印不出精致的画面。而只要提升了"吸收"能力，也就是改进看待事物的方式，"展现"的品质也会自然而然地提升。

我们常听到"某人很有品味"这句话。这句话特别容易让人误以为品味就是判断力和表现力，然而判断力和表现力的根源其实是感知力。只有灵敏到能够觉察出细微的差异，才能够判断出到底是什么让人感到舒适或产生美的感受。

想要拥有鉴别能力，就要打开自己的"五感天线"。为此，最好的方式就是把制作"感官抽屉"当成作业并踏实地完成。前文曾经提到，这里所谓的"感官抽屉"，可以理解为感觉和记忆的资料库。

第 7 章　制作"感官抽屉"

"感官抽屉"的种类有无限可能,可以是"大自然""天空的种类""听过的乐曲""去过的地方""见过的人"或者"零食的种类"等。不断地增加"感官抽屉"的种类与内容,也就是提高感知能力的过程。

在添置彩色铅笔或色粉笔时,下决心选择具有几十种颜色的组合是在增加颜色的"感官抽屉",假日去追寻海洋、山川和都市风光也意义重大。也许一想到堵车,还有拥挤的人潮,你就会觉得还是待在家里更舒坦。尤其是带着孩子外出时,既要喂奶、换尿布,还要担心上厕所、吃饭等问题,令人头疼的事情堆积如山。但是,带着孩子去不同的地方,一定能让他们增添此前没有的"感官抽屉"。

当孩子在心中制作了许多"感官抽屉"之后,每当他见到新的事物,就会打开相似的"感官抽屉",或是相互比较或是引发联想,还可能由此制作出新的"感官抽屉"。

循序渐进地充实"抽屉"

以我为例,作为一名音乐专栏作家,我认识的音乐家、听过的专辑都是我重要的"感官抽屉"。

美感是最好的家教
子どものセンスは夕焼けが作る

　　制作一个长久有效的"感官抽屉",需要充分调动五感,并且要用心感受。如果触碰到的东西不能感动你,就无法形成"感官抽屉"。

　　因此,我们无法强制自己去制造新的"感官抽屉"。而且,不要试图一次制作出很多"抽屉",这样只会让自己混乱,无法制作出优质的"感官抽屉"。

　　我曾经为了增加音乐方面的"感官抽屉"而在一天内听了十几张新专辑。这也许在理论上行得通,但实际上只会让你的头脑颠三倒四、杂乱无章,导致无法消化吸收所听的内容。有时分明没有兴致,我还会用拼业绩的心态勉强自己去听,结果完全无法集中精力,自然也难以吸收。这个时候,身体已经产生了惰性,再听下去只会失去新鲜感,还不如不听。实际上,把自己认为好听的CD逐一用心品味,才是制作"感官抽屉"的捷径。

　　对于孩子来说,制作"感官抽屉"的方法也是一样的。循序渐进地增加孩子感兴趣、好奇的事物,才是增加"感官抽屉"的正确途径。

　　有一种训练方法可以让任何一个孩子具有绝对音感,这是音乐教育专家江口寿子老师独创的教学方法。绝对音感,就是在听到声音的同时能分辨出Do、Re、Mi等音高的能力。深入了解这个训练方法会发现,它同样符合"扎实地逐一制作'感官抽屉'"的原则。

例如,记忆 DoReMi、DoFaLa 这些和弦时,江口寿子老师一定会先让学生扎实地学会一种和弦,再开始学习另一种新的和弦。如果连 DoReMi、DoFaLa 的差别都听不出来,那么再听 5 种、10 种和弦也只是混淆记忆,什么都学不会。

训练绝对音感只是一个例子,它告诉我们,只有"模糊的经验"还不够,要形成实实在在的"记忆","感官抽屉"才能发挥它的功用。

搭建"山"型"感官抽屉"

虽然全方位地制作"感官抽屉"也不是坏事,但我认为,最好还是把"抽屉"做成"山"型。也就是说,我们可以先更多地收集自己喜欢的东西,再扩展至周边。

以我自己为例,如果我买了某位特别喜欢的音乐家的五张 CD,我就会再买一张跟那位音乐家流派类似的 CD,或是最近喜欢的其他别具一格的作品。

美感是最好的家教
子どものセンスは夕焼けが作る

　　我们的注意力、偏好、兴趣都是有限的，要深入探究每一个领域终归是不可能的。所以，不如从自己最喜欢的东西开始深入探究，一旦深入到某种程度，就可以触类旁通，增长更多知识。这样做恰恰可以避免画地为牢，防止自己因产生认知局限而使自己的世界变得狭窄。

　　就像这样，我逐渐积累了"高耸"的核心"感官抽屉"。如果是我很喜欢的 CD，我会反复聆听几十遍，直到能全部哼唱出来为止。如果是其他感兴趣的作品，我会听几遍了解一下是什么样的音乐，再收到架子上。我把这样搭建起来的"感官抽屉"叫作"山"型"感官抽屉"。

　　这个方法也可以应用在育儿上。想让孩子多读书，于是一股脑搜罗大量绘本，虽然这样做也不是坏事，但是，从众多绘本中找到孩子最喜欢的那一本，重复讲这个绘本直到孩子能倒背如流，才是制作"感官抽屉"最重要的一步。让孩子多接触书本也十分重要，如果找到了下一本孩子愿意反复看的绘本，这时再更换绘本会更有意义。

　　我的女儿一岁时非常喜欢《好饿的毛毛虫》这本书，每次她听我念这个故事都开心极了。到她两岁半时，我想到一个有趣的主意。在她洗完澡后，我把她用浴巾裹住，然后蹲下来对她说道："毛毛虫变成蛹了，它睡了好多

第 7 章 制作"感官抽屉"

天。"女儿突然站起来,甩掉浴巾,拍着手大声说:"啊!我变成蝴蝶了!"女儿似乎很喜欢这个游戏,她总是会开心地伪装成毛毛虫,还认真地说:"我长大以后会变成蝴蝶。"

如果心中没有"山"型"感官抽屉"的概念,性急的我也许会焦躁不安地想:"这孩子从一岁开始就整天只看这本书,不能再这样了,应该让她换其他书看看。"不过,现在我很清楚地知道,这本《好饿的毛毛虫》就是孩子心里最高的那个"感官抽屉",不断加固这份印象对她来说意义非凡。

去不同的地方长见识

自从开始采访钢琴家,我一直在思索:"大家为什么都要出国留学呢?难道日本就那么落后吗?"因为我采访过的钢琴家大多曾在法国巴黎音乐学院、美国茱莉亚学院或匈牙利李斯特音乐学院留学深造。

近来,我渐渐明白了,他们去留学并不是因为日本有什么不好,而是留学生活可以使他们在语言、景色、文

美感是最好的家教
子どものセンスは夕焼けが作る

化、生活、老师、朋友等方面的"感官抽屉"更加丰富，这对他们意义重大。

比如，在法国留学期间的语言、街景、公寓、老师、朋友、菜肴等，生活的方方面面都与日本全然不同。而且，在国外不仅会遇到语言障碍，还要花费大量心力甚至金钱来适应环境，过程十分辛苦。而好处就是，会有新的感受不断储藏进自己的内心。在一个全新的地方居住而非旅行，让他们有机会把新的"感官抽屉"扎根在心间。由此，他们获得了在日本无法触及的广阔的印象天地。

我曾经采访过作曲家松本俊明先生。他为歌手米希亚创作的单曲《万物》（*Everything*）创下超过 200 万张的销售量。在接受采访时他曾说："有人常说，我们从事这样的创作工作，不断发表新的作品，'感官抽屉'迟早会枯竭。的确如此，于是四年前，当我的工作越来越繁忙的时候，为了获得新的体验，我把家搬到了伦敦。我想用这种方式找回成为作曲家之前的生活状态，也给自己的心田更多养分。"

伦敦和东京的确有许多不同之处，比如气候、温度、湿度、天空的颜色、树木的形状、叶片的色彩，以及阳光的强度，就连街道上的建筑、路过的行人、交通工具，甚

第 7 章 制作"感官抽屉"

至电视机和收音机也各有特色。在音乐厅中,英国演员的演绎方式和观众的反馈方式也与日本的迥然不同。这些差异似乎都成了松本先生的灵感来源。移居伦敦之后,他持续创作出了大量的优秀作品。

还有许多人不用出国就能改变生活环境,以此来增加自己的"感官抽屉",例如作家吉本芭娜娜小姐。据说,虽然她从小到大一直生活在东京老城区,但她每年夏天都会去西伊豆小住。她的小说《鸫》的故事背景就设定在那里。

她在书中写道:"风的痕迹,在沙滩留下波浪似的纹样,清冷的沙滩上,只能有喧闹的波涛声。"

只经历过一两天的短暂停留是很难写出这样出彩的文章的。每年回访同一个地方,也许让芭娜娜小姐在心中建立起了关于西伊豆的"感官抽屉",里面蕴藏着海边沙滩的质感和美丽,以及居民、街景、树木的姿态等让她印象深刻的事物。

芭娜娜小姐的父亲是评论家吉本隆明先生。也许这位父亲正是为了丰富自己的"感官抽屉",才会每年夏天都到西伊豆小住几日吧。吉本先生坚持每年夏天都去一次西伊豆的海边,真是用心良苦。这不得不让人感叹,他原

美感是最好的家教
子どものセンスは夕焼けが作る

来如此深谙感知力培养方法的精髓。

我女儿关于"居住场所"的"感官抽屉",除了自己家应该还有爷爷家。女儿两岁后,终于明白了"这是爷爷家"这句话的意思,也总算完成了"爷爷家"这个"感官抽屉"的搭建。

女儿快两岁时,有一次我们一家三口去箱根旅行,还搭乘了缆车。过了一个多星期,女儿又看到当时的票据上印着的缆车,一直开心地和我说:"那是公车!"于是,我和先生都高兴地回应她:"是啊,这是可以在天空中飞翔的公车。"以前,我总是想多带孩子去不同的地方走走,不过现在想来,像吉本家一样,多去探访同一个地方,不断加深孩子的记忆,也是个不错的方法。

美感好习惯

子どものセンスは夕焼けが作る

想要有好的表达，前提是得有强大的吸收能力。怎样帮助孩子搭建自己的"感官抽屉"呢？下面是几点小建议：

- 打开"五感天线"，充实感觉和记忆的资料库。不断积累听过的乐曲、去过的地方、看过的颜色……
- 在自己喜欢的领域深入地吸收和用心感受，因为"只有模糊的经验"还不够，要形成实实在在的"记忆"。
- 先在喜欢的领域深耕，再扩展至周边，形成"山"型"感官抽屉"。
- 去不同的地方体验生活，以及改变生活环境，都是能丰富"感官抽屉"的绝佳途径。

美感是最好的作家
子どものセンスは夕焼けが教える

第 8 章

打造魅力光环

第 8 章　打造魅力光环

有气质的人是什么样的

如果在一间房里有个愁容满面的人,其他人可能会感到不安,心里也会打鼓:"我是不是做了什么不该做的事?"同样的道理,孩子也会小心翼翼地观察妈妈的神色,可以说,妈妈的状态对孩子有着重大的影响。

前一章我们谈到了"吸收",现在来思考与"展现"相关的事吧。

通过什么方式能够完美地展现出一个人的品味呢?我觉得,可以先从别致的衣服搭配与精湛的化妆技巧两方面着手。

但是，在展现这些外在形象之前，最好能打造出一种毫不矫饰的存在感。要磨砺出这种存在感，一个人的感知能力十分重要。

由于工作关系，我经常与音乐家们碰面，也有机会进入他们的后台休息室。我发现，许多音乐家即使下了舞台，在他们周身大约3厘米处仿佛还围绕着一圈光环，散发出异于常人的存在感。

当然，下了舞台他们的心情会放松下来，不再有紧张感。但是，即使是在采访前的空档小坐时，或是在休息室说笑时，他们身上仍然会散发出华丽、威严、非凡的气度。

在音乐会现场或爵士俱乐部也经常能见到明星、演员、主播等，我总觉得这些人全身都围绕着别样的光环。

对于明星、演员来说，具备优越的外形自然必不可少，而音乐家以演奏为生，却也普遍拥有不凡的气质。这应该不仅与外貌有关，还存在更深层的原因。我开始认真观察他们为什么在不上台的时候还能如此气宇不凡。

"光环"一词十分常见，我也会不假思索地引用。可是所谓的"光环"，到底指的是什么呢？它可能与长相、穿着有关，但仅有这些还远远不够。

第8章　打造魅力光环

在我看来，光环就是你从一个人的"姿势""目光""说话方式"等方面感受到的"这个人比我强"的威仪感。它能刺激旁人的生存本能，让人感觉自己快被吞噬，或是从直觉上认为只要跟随这个人，就会有好事发生。

有光环笼罩的人总是昂首挺胸的，我从没看过他们"松松垮垮"的样子。他们在家里是什么模样，我们无从得知，但只要见到他们，无论是在舞台上，还是在后台接受采访或闲谈时，他们都能保持挺拔的身姿。

从一个人的姿态能看出他是否具备背力、腹力、耐力，以及瞬间爆发力。另外，眼神也能体现出一个人的精神状态。眼神坚定的人，能够直面困难，从不抱怨，心胸宽广，遇事冷静，谈笑自若。这种人虽然目光锐利，却不至于让人畏惧。

自带光环的人，说话方式也与众不同。他们自信满满，要言不烦，让听者感觉舒适。

让好姿态成为习惯

良好的姿态、锐利的目光，看起来只要稍加注意就可以做到。但是，想要长期维持它们，实际上非常困难。

自从上了芭蕾舞课，我渐渐了解到展现良好姿态的关键。只在上课时挺直背脊是不够的，如果在日常生活中不注意拉伸背部，就算上课时再努力，也很难做出标准的动作。之前，我也听一位歌剧演员说过类似的话："必须将舞台搬进日常生活才行。"

因此，我在吃饭、做菜或是在车站等车的时候，甚至在超市购物等待收银员清点商品的时候，总是会坚持挺直背脊、收腹提臀，从而保持良好的姿态。有意识地注意这些细节后，我的姿态的确慢慢变好了。老师也对我说："你的背部线条和以前有些不同了。"为了取得这微小的变化，我用了半年时间，看来想要塑造身姿还有好长的路要走⋯⋯

我叹了一口气说："要想改善姿态，除了睡觉，别的时间都不能放松啊。"

老师接着我的话补充道："不过，如果养成了保持良好姿态的习惯，姿态不正确时反而会觉得难受哦。"

但是，想要养成一个新习惯，又岂是一件容易的事。

例如，刷牙或是饭前洗手，这些习惯都是后天养成的。培养孩子良好的生活习惯是育儿过程中逃避不了的课题，这往往需要付出大量的时间和极大的耐心。从我女儿几个月大时，我就开始给她刷牙，直到三岁时她才逐渐养成了这个习惯。其间，两岁后的她会兴奋地想要自己刷牙，并且经历了克服困难、自我探索的过程。这让我深刻地感受到培养习惯的不易。

因此，维持容光焕发着实是件难事。如果自己感到"太累了，快做不下去了"而变得心情低落，这种情绪立刻就会在脸上显现出来。可以说，这是一场长达24小时的战斗。

如此说来，如果想要姿态和眼神都散发着光芒，最好从早上醒来开始就保持精力充沛。等到过了需要刻意维持的阶段，感到"不这样做就会浑身不舒服"，此时身体已经形成习惯，气质的光环也会自然显露。

然而实际上，每个人对于"不这样做就会浑身不舒服"的标准不尽相同。这个标准也会随着新习惯的养成而不断地自我调整。例如，很多音乐家不只是一味地苦练，他们会为了一个"听起来不对"的音而反复琢磨，直到符合心意的音出现为止。这就好像我们出门前边梳理头发边烦恼"该梳什么发型好呢"，或是对着镜子犹豫"到底该穿哪件衣服好呢"。这样做，与其说是我们在为呈现一个好形象而费尽心机，不如说是一种习惯。

提高自己对于"感到怪异或不舒服"的灵敏度是一个十分消耗精力的训练，但如果有一些事能让我们在24小时、365天都进行这样的锻炼，假以时日，变化就会十分显著。简而言之，培养好习惯的过程，也是修炼气质的过程。

习惯的不同会极大地影响一个人所呈现的状态。此外，日常生活方式，以及生活中的点滴积累，在育儿的过程中也是十分重要的。

为了改善孩子的姿态，让他们去学习芭蕾舞、日本舞或者剑道等技艺不失为一个好的选择。但是在此之前，最好先让他们养成吃饭时不把手肘放在桌上，以及挺直后背的习惯。

孩子吃饭时常常会坐不住，姿势很快就不成样子了，比如会弯腰驼背、把胳膊搭在桌子上，甚至把身体转向旁边，把腿东弯西折等。

不过，或许是由于我经常提醒女儿，在女儿快三岁时，她会反过来提醒我："妈妈，吃饭时胳膊要放下去。"要锻炼孩子的姿态，父母首先应该做出良好的行为示范，并且时常提醒孩子。

此外，我家还有一个锻炼姿态的方法。为了避免女儿洗完澡后在身上还湿着的时候到处跑，我会以游戏的口吻让她"立定"，利用这个间隙擦干她的身体。可能因为这样很有趣，女儿每次都十分配合。

精确拿捏音量和语速

良好的说话方式也会形成光环。

在舞台上时，音乐家们总是意气风发，热情洋溢。相比之下，在采访中和平时见面时，他们的气场确实会有所降低。

但是，他们只要开口讲话，就会让人不由得侧耳倾听。为什么呢？当然，他们要么长相俊美，要么为人亲和，但更重要的是，他们说话时所散发的魅力让人无法抵挡，这种魅力就来源于他们特别的发声方式。

后来我注意到，他们说话的力度和语速都拿捏得极其精妙。

我们的采访会在许多不同的场所进行。如果是在唱片公司中安静的小工作室，音乐家会用低沉的语调缓缓地同我交谈。如果是在环境稍显嘈杂的咖啡厅或酒吧，他们则会用音量稍高的语调。有时他们的语速会比较快，如果是在演奏会结束后吵吵嚷嚷的后台休息室，他们往往会情绪高涨，话语中还会夹杂着笑声，场面十分热闹。不仅如此，他们在回答问题的时候，声音一定会非常清晰有力，就算音量不大也会极具穿透力。

他们除了能在不同的场合应变自如，还会在采访的开头、中间和结尾使用不同的语调。谈话刚开始时，他们会对措辞稍显慎重，中途讲到兴头上，他们就会提高音量，加快语速。

也许每个人说话时都会本能地做出这样的调节，但要像音乐家那样拥有精妙的声音把控力以及对音量和语速的调节能力并非易事。这首先需要我们具有敏锐的感知力。

主持人也是"说话的专家"，他们的讲话方式也多种多样，但是他们讲话的重点在于清楚明了地将内容传达给更多的人，因此和音乐家的说话方式尚有差异。就算没有在现场听过，通过电视之类的媒介，我们也多少可以看出一些端倪。如果有机会听到音乐家现场讲话，请用心聆听他们说话时带给你的感觉，你会感到像听音乐一样。

第8章　打造魅力光环

盐谷哲先生曾经获得"联合国维持世界和平奖",现在是 Orquesta De La Luz 乐队的一员,同时是一位知名的作曲家兼爵士钢琴家。

他曾告诉我,在与吉他手、贝斯手和鼓手一起演奏时,到了乐曲的高潮部分,其他乐器的音量都会特别高,以至于淹没钢琴的声音。这时盐谷先生不会随之"锵锵锵"地猛敲琴键,而是利用这个时间演奏一段悠扬的旋律,增加乐曲的层次感。这时大家就会把注意力转移到钢琴身上。这仿佛是在积极地向大家传达一个信息:"喂,我的声音在这里。"

就像这样,音乐家本能地知道什么样的声音可以吸引别人的注意力。即使是微弱的声音或一闪而过的乐章,他们也可以根据时间、场合的不同,制造出令人惊喜的效果。

的确如此,如果一个人在说话时都不能根据周围的声音调整自己的音量,使自己的声音达到一定的平衡,那他就无法在乐团中找到自己的位置。

听了这些话,我开始思考如何把这个原理运用到日常生活中。于是我尝试在读绘本时做一些改变。平时我说话的语速比较快,嗓门也有些大,但此后在读绘本时,我

美感是最好的家教
子どものセンスは夕焼けが作る

会刻意使用缓慢、温柔的声音。

《小黑三宝》是我女儿最喜欢的绘本之一，其中一个角色——老虎有这样一句台词："小黑三宝，我要吃掉你。"

讲到这里时，我会试着压低声音，放慢语速。

"小——黑——三——宝！我——要——吃——掉——你。"

女儿听到后会蜷缩着身体激动地叫道："啊，好可怕！"我一直想把这句话念出恐怖的效果，没想到只要把语速放慢，就会明显增加恐怖的感觉。

就这样，阅读变成了一次次有趣的试验，音量能压到多小，语速能降到多低，我每天都在进行新的尝试。用声音演绎故事的起伏和张力，真是妙趣横生。对我来说，给孩子读绘本时，最大的问题就是缺乏阅读的耐心，但现在有了这样的目标，我动力十足。经过这样的摸索，在日常生活中如果遇到需要讲话的场合，我也能更加沉着地应对了。

音乐家的敏锐五感

客观地看待自己是一项十分重要的能力。

前几天看电视时,我看到"叶姐妹"中的姐姐叶恭子小姐。当时她正在与一位 20 多岁的可爱的女明星交谈,看到那位女明星用食指抵在太阳穴处转来转去的姿势,叶恭子小姐说道:"我也想做这个动作,但它和我已经不太搭了。"虽然她有意拒绝,但还是苦笑着模仿了一下对方的动作。

20 多岁的女明星做这个动作会让人觉得可爱,但是让华丽、优雅、性感的恭子小姐来做确实不适合,反而会让人觉得莫名其妙。笑了笑后,我忽然明白了,她之所以这样说,其实是在以客观的角度辨别某件事对于自己来说是否合适。

这种能够客观看待自己的能力,会在很多方面发挥积极的作用。

在与众多音乐家会面后,我发现许多人从发型、服装到说话方式,整体的风格都极其一致,而且十分富有个人特色。我还从未见过哪位音乐家以一身俗不可耐的打扮示人。

美 感 是 最 好 的 家 教
子どものセンスは夕焼けが作る

　　指挥家或钢琴家需要具备卓尔不群的个人魅力。无论音乐方面的实力多么出色，如果缺乏魅力，音乐家也很难吸引听众，甚至很可能因此错失重要的表演机会。当然，我们会因为一个人高超的演唱或演奏水平而感觉他气质不凡，这也是一种正常的心理作用。

　　无论如何，外表出众的音乐家占大多数，外形本身也是他们演出的重要部分。外在的魅力是他们后天打造的结果，这都要归功于音乐家们敏锐的五感以及由此而生的客观感知力。

　　音乐家会以近乎冷酷的客观态度来聆听自己发出的声音，甚至那些在舞台上和观众席听来音效有所不同的部分，都是经过精密计算后特意呈现出来的。

　　这种感知力越敏锐，他们就越能客观地判断自己在观众眼中的样子。

　　在演奏过程中，音乐家是万众瞩目的对象，他们绝不允许因为自己的外形而破坏了音乐的氛围。他们会以一种积极、客观、冷静的态度进行换位思考，由此决定该如何呈现自己。

　　举例来说，著名音乐家松居庆子小姐曾在美国获得众多乐迷的拥护，还在欧洲、非洲等世界各地举办音乐

第 8 章　打造魅力光环

会。在参加她的音乐会时，我注意到她把头发扎成了一束马尾。

从外表来看，庆子小姐让人感觉温婉、精致，可以说，她具有日本女人的典型形象。但当演奏达到高潮时，她的发束便会随着音乐干脆利落地舞动，与现场热烈的气氛相得益彰。

此外，在演奏激昂的乐曲时，摇滚吉他手会穿皮裤，或在腰上挂叮当作响的装饰链，显示出极强的攻击性。而鼓手想要表现力量感时，也会刻意穿无袖的服装，展示出自己强有力的手臂进行演奏。

有些钢琴家在与古典交响乐团合作演奏协奏曲时，会刻意不穿燕尾服，而是衣着随意，好像在刻意强调自己的演奏风格并不只局限于古典音乐。实际上，这一切都整合了视觉与听觉的效果，是事先计划好的。

虽然目前我女儿还很难理解什么是客观性，但我会在生活中的各个场合提示她，可以从自己的视角判断事物是"应该的"还是"奇怪的"。我会在日常生活中把自己的客观判断有意识地讲给她听。例如，"这个孩子已经会走路了，还坐在婴儿车上，真是奇怪呀"或者"今天去公园玩，你就穿这件可爱的连衣裙吧。不过，如果穿这件衣服去幼儿园就不太合适了，因为太容易弄脏了"。

　　在超市里，我们从远处看到一个和她年纪相仿的小孩躺在地上大哭大闹，我会说："这样做是不是太不合适了？"女儿听后认同地冲我点着头说道："的确。"虽然她还不具备在自己也想哭闹的时候反观自己行为的能力，但是如果连他人的行为是否恰当都不能判断，又何谈判断自己的行为呢？

　　因此，要从观察他人开始，不断积累"这样是奇怪的，这样是不奇怪的"这类判断经验，这样就能为反观自己打好基础。要持续反观自己，客观判断什么做法"很好"，哪些地方"不对劲儿"。这种判断能力越敏锐，越能帮助孩子成为一个存在感更强、更耀眼的人。

第 8 章　打造魅力光环

美感好习惯

子どものセンスは夕焼けが作る

　　不凡的气质是怎么展现出来的呢？下面是几点小建议：

- 保持优雅的姿态，一旦形成习惯，气质也就随之而成。
- 精确拿捏语速和音量，提高对声音的把控力，慢慢就会知道什么样的声音可以吸引人。
- 不断积累"什么是奇怪的""什么是很好的"这类判断经验，就能为客观看待自己和他人打好基础。

美感是最好的作家
子どものセンスは夕焼けが教える

第 9 章

绝口不提"没有钱"

第 9 章 绝口不提"没有钱"

不向先决条件低头

前面几章我提到了增加"感官抽屉"、制造光环的方法。也许有人会感叹,果然还是要花不少钱。的确,如果要增加"感官抽屉",不论是出行还是购物,钱是一个绕不开的话题。

出于采访原因,我时常有机会到钢琴家的住所拜访,而让我最惊讶的莫过于他们家中大多放置着国外制造的高级三角钢琴。

日本制造的三角钢琴,比如雅马哈或河合等品牌,大约 100 万日元就可以买到,但是像施坦威这样的进口钢

美感是最好的家教
子どものセンスは夕焼けが作る

琴，购买一台全新的至少也要 500 万日元，如果用汽车来做类比，就相当于一辆奔驰或宝马的价格。然而，家中摆放着一台超过 1000 万日元的演奏型三角钢琴的音乐家并不在少数。

承蒙一位钢琴家的厚爱，我试弹了她家中的三角钢琴。这架钢琴的琴弦有 3 米长，一坐在琴凳上，就可以看到琴弦从眼前向钢琴内部延深。

当我开始弹奏时，弦与弦之间会发生共鸣，音符就好像从钢琴中飘浮而出的芳香，我的指尖可以清晰地感受到琴键特殊的质感。的确，如此制作精良的乐器，即使是 1000 万日元也会让人忍不住想要拥有。

毫无疑问，每天用这样的钢琴来练习是能够打磨感知力的。当我在钢琴杂志上再次看到 500 万日元的施坦威三角钢琴的宣传广告时，竟然不由自主地认真计算了起来。果然先决条件还是金钱，我不禁长叹了一口气。

即使不说钢琴这类本就价值不菲的东西，为了磨砺美感，购买书籍、CD、画册，或是去看美术展、演奏会，这些也都是不小的花费。

出生于越南，后赴莫斯科留学，并在肖邦国际钢琴比赛中获得第一名的亚洲钢琴家邓泰山，在访问日本后发出这样的感慨："日本的物价太高了，所以很难培养出优秀的演奏家。"

"为了成为一名优秀的演奏家，必须经常聆听乐曲，频繁地听音乐会，还要跟随好的老师学习，这些花费都异常高昂。为了筹措这笔钱，父母和学生们都十分辛苦。在这里，无论什么都很昂贵，如果我出生在日本，一定无法成为一名钢琴家。"

就连邓泰山这样的人也认为没有钱就很难培养出好的美感，因此我也自然而然地这么认为，直到有一天，我决心不再把"没有钱"这句话当作不能完成某件事情的借口。虽然有时候这句话还会脱口而出，但是，正是由于不把"没有钱"当作借口，我的内心产生了一股力量，萌生了很多连自己都为之惊讶的创意。

好品味在于平衡

让我决心不再提钱的契机是遇见了太田惠美子老师。

就像前面提到的，太田老师的美术教室可谓一个"小投入，大回报"的空间，仅用极少的投入就获得了很好的装饰效果。

太田老师在大学时学习的专业是室内设计，也就是说她是让房间焕然一新的专家。

目前教室中摆放的观叶植物，是太田老师从植物幼苗期就开始养殖的，持续了十多年，在她调职的时候随她一同从上一个学校搬到这里。仿佛窗帘般垂落而下的黄金葛是扦插繁殖的。桌布则是太田老师自己买的布料，用缝纫机稍做加工制成的。教室的窗帘用的是简单的白色蕾丝，因为经常清洗，所以看起来十分整洁。教室中装饰的花束也是超市中常见的。然而，太田老师的插花方式十分别致，她会用花瓶和剑山（插花的工具）摆出日本花道中的天、地、人的造型。

太田老师对自己的衣着十分用心，她的个人形象也十分养眼。深蓝色的套装搭配白色衬衫，领口围着深粉之类颜色的围巾，这就是她的典型装扮。她的衬衫看起来都经过仔细熨烫，遇到夏天天气炎热的情况，她还会准备备用衬衫，一天要换两三次。

就算再忙碌，太田老师也一定会在休息时迅速补妆。所以，她的气色总是很好。她也会定期去理发店，你绝不会见到她头发蓬乱的样子。即使是在夏日午后让人全身乏力的热浪中，太田老师也总会以清爽的形象出现在学生面前。

太田老师的套装简洁素雅，我曾以为是香奈儿或爱马仕这类奢侈品牌中比较简单的款式。我向老师询问之后，她笑着对我说："完全没有这回事。"

另外，太田老师在参加晚宴时，会换下白天的服装，身着正式的礼服出席。这些正式的礼服都十分精美，但据她说价格并不贵。

太田老师总是能用有限的预算将个人审美最大限度地表现出来，呈现出让人眼前一亮的房间布置和服装搭配。看到她，我开始对"没有钱就无法培养出好的美感"这个固有观念心生动摇。

有一次，太田老师无意中和我说了这样一句话：

> 一切事物都存在一种平衡，如果不协调，就算是再好的房间和再贵的家具，优点都只能被埋没。

平衡……这让我想到了"暴发户审美"这个词。如果美感跟不上，无法做出恰当的搭配，即便花再多钱也只会贻笑大方。这正是由于他们缺乏一种平衡感，无法判断

美感是最好的家教
子どものセンスは夕焼けが作る

事物之间如何搭配才恰当。

此时我更加确信，所谓美感，就是观察力、判断力，也是一种平衡感。"没有钱就培养不出好的美感"只是推卸责任的借口而已。

动脑筋让梦想实现

前段时间，我在电视上看到摇滚乐团 X-Japan 的成员林佳树（YOSHIKI）位于洛杉矶的豪宅。客厅的天花板很高，面积大概有几十个榻榻米[①]那么大。窗户占据了房间的一整面墙，从窗户可以眺望庭院，视野十分开阔。

他家里还摆放着一架三角钢琴。这种豪宅到底要花多少亿日元？简直令人难以想象。节目还拍摄了他家中的豪华工作室。但这时，林佳树在镜头前表情严肃地说道："有时就算付出大量时间，也不代表一定能创作出好的作品。"

---

① 榻榻米的标准尺寸通常为 180cm×90cm，一张榻榻米的面积约为 $1.62m^2$。
——编者注

第 9 章　绝口不提"没有钱"

此情此景让人若有所思,虽然住在这样的豪宅里,过着悠然舒适的生活,并且有这么棒的作曲和演奏空间,但拥有这些优越的条件并不意味着能做出好的音乐。

说起豪宅,就不得不提到歌手斯廷(Sting)。他甚至曾邀请 200 多人,包括世界各地的媒体从业者和关系亲密的友人,在意大利佛罗伦萨近郊的家中举办一场演唱会,并把当时的景象收录进了 DVD 中。但是,据说成名前,斯廷在生计问题上没少吃苦。

深入了解那些曾创作出优秀作品的画家就会发现,忍受着贫穷的画坛巨匠多得是。毕加索和莫奈由于长寿,着实享受到了阔绰的生活。可是凡·高、莫迪利亚尼等人就没有那么幸运了,他们曾接二连三遭逢不幸,直到临死前都是囊空如洗,但即便如此,他们仍然留下了至今享誉全球的佳作。

如此想来,"没有钱便无法锤炼美感"这种说法简直就是谎言。

当然,没有颜料便无法作画,没有乐器也无法演奏,所以最低限度的物质条件还是必要的。但是除此之外,在这个给定的物质条件的基础上,不断付出努力才更能发展一个人的创造力。

美感是最好的家教
子どものセンスは夕焼けが作る

2004年上映后曾获得强烈反响的日本电影《摇摆少女》，描述了一段在逆境中发挥创意的故事，趣味横生。电影中，来自日本东北普通高中的女生们挑战了大型爵士乐团，最后竟然奇迹般地获得了胜利。在登上舞台之前，他们虽然遭遇了各种困难，但是都逐一克服，正是这些过关斩将的过程，构成了电影的有趣之处：

只有在大都市才能演奏爵士乐？故事背景设定在日本东北的所谓"乡下"。

只有爱学习的人才能演奏爵士乐？故事的主人公是几位厌学的女孩子。

只有有钱人才能演奏爵士乐？女孩们用打工赚的钱或者卖掉名牌包的钱来购置乐器。

只有经过正规课程的学习才能演奏爵士乐？女孩们向同学和学校的老师学习。

只有在练习室中才能练习爵士乐？女孩们在山川、原野，甚至老师家中练习。

没有在人前演奏的机会？女孩们在超市的停车场演奏。

没有演出服？女孩们借用学校的制衣室，自

第 9 章　绝口不提"没有钱"

己缝制演出服。

电影的最后,她们完成了精彩的演奏,看起来开心极了,仿佛在向我们诉说:"我们都能做到,只要有信心,你们也一定可以!"真是说服力十足。

有一次我采访一位鼓手,他告诉我,高中时他经常搭地铁把整套鼓从家中搬到演出会场。他会先抱着一半的鼓前进 50 米,把它们放下,再折返回去拿起剩下的鼓前进 50 米……如此往复地搬运。我惊讶地说:"这也太辛苦了吧。"他笑着回答我:"不会,我反而很享受这个过程呢。"

在面对孩子们这也想买、那也想买的任性行为时,"没有钱,所以不行"这样的回应看似简单,但久而久之,连孩子再正常不过的欲望都可能会被扼杀。不要说没钱,而是尝试用别的理由,说不定会产生更加有趣的点子。就像《摇摆少女》中的女孩们,靠自己的努力让梦想照进了现实,才让这一过程如此有趣。

虽然我女儿现在还没有金钱的概念,但我仍然决定不在她面前说"因为没钱,所以不行""因为没钱,所以做不到"这样的话。

美 感 是 最 好 的 家 教
子どものセンスは夕焼けが作る

寻找性价比高的"实力派"

即便如此,想要提升美感,仍然无法避开"钱"这一话题。

我认为,要想合理使用有限的预算,就要学会区分"复制品与真品""名人和实力派"。下面我用具体例子加以说明。

比如,书或者 CD 这样的批量产品,并不会因为作者或演奏者是名人而价格高昂或一件难求。因此,在这些方面可以认准名人,比如,在日本,指挥要看小泽征尔,偶像团体一定要提 SMAP(日本人气偶像组合),小提琴要听五岛绿,流行歌曲不得不提平井坚,小说就看村上龙或吉本芭娜娜,纪实文学力荐立花隆(这是我认为的名人,如果和你的想法有出入请多包涵)。总之,如果是批量产品,认准名人一定不会出错,多接触这些人的作品对我们有益无害。

更重要的是,这些名人作品的发行量很大,而且很容易以便宜的价格在二手书店或亚马逊网站上买到。如果买回来觉得不喜欢,还能以不错的价格再转手。

不过,像演奏会、音乐会、展览、讲演这类现场活

第9章 绝口不提"没有钱"

动,如果也认准名人,性价比也许并不高。

有一次我听完音乐会坐地铁回家,在其中一站突然涌进来一大批年轻女孩,我很好奇究竟发生了什么。再一看,大家的手里都拿着印有"SMAP"的扇子。查过后我才知道,那晚在附近的棒球场有 SMAP 的演唱会,而且那场演出的门票很难买到。

当然,对于歌迷来说,不管离舞台多远,只要能和偶像在同一时间身处同一个地方就幸福至极了。高中时,我也曾经去听过 THE ALFEE(日本合唱团)的十万人演唱会,虽然座位离舞台很远,几乎看不见他们,但是,我的内心仍然十分激动。

不过,当时的快乐,与其说是欣赏音乐带来的,不如说是由于参加活动的心情,这也是一种宝贵的经历。但是,如果是为了提升美感,最好能够以更近的距离单纯地去品味音乐。知名的音乐会大多在巨蛋体育馆或大型音乐厅举办,观众席和舞台之间的距离非常远,门票也相当昂贵,实在很难体会到真人演出那种独特的现场感。如果要体验"真品",最好找观众人数不多,但艺术家具有实力,还符合自己兴趣的演出,这才是性价比最高的做法。

身处音乐新闻世界的人都很清楚,在知名的小提琴、

美感是最好的家教
子どものセンスは夕焼けが作る

钢琴大赛中，优胜者和无缘优胜者的差距小之又小，甚至有运气成分存在。虽然他们在实力上难分伯仲，但报纸、杂志只会报道赢得比赛的人，因此他们知名度的差距会越来越大。不可避免地，他们音乐专辑的销售额、音乐会的观众人数也会拉开很大的差距，最终导致大多数在大赛中落败但实力超群的乐手只能在小型会场举办音乐会。

正因如此，我们能够有机会以更近的距离、更合理的价格欣赏到"实力派"乐手的表演。我个人有深切的体会，一旦有了在小型会场近距离聆听演奏的经历，就不想再听那些在大型会场中举办的演奏会了，因为体验到的声音质量完全不同。

这就好像在教室中听班主任老师说话与在体育馆听校长讲话之间的差异，实际的物理距离和感受到的心理距离是不同的。去聆听那些并非超级巨星的音乐家的演唱会，不光可以靠近舞台仔细倾听，还能轻轻松松地请他签名，甚至有机会在演出结束后同他们交谈，顺便一提，有时会场中还会有不少美食。

因此，寻找那些并不是特别有名，但有实力且自己十分欣赏的音乐家并且支持他，一定会收获颇丰。等孩子到了上小学的年龄，你还可以和孩子一起去听这样的音乐

第9章 绝口不提"没有钱"

会，一定能获得前所未有的丰富体验。

对于绘画作品，道理也是一样的。凡·高的作品价格高昂，除了资金雄厚的商人，一般人只买得起复制品。虽然在家中装饰复制品也未尝不可，但是，复制品终究是复制品。相比之下，应该在家中装饰艺术家的原作，就算是没有名气的画家的作品也好。如此一来，我们便可以欣赏到只有原作才具备的考究的色彩与肌理。至于衣服、陶瓷器皿和家具等，我一般会在美术馆、古董店或者杂志里尽情欣赏那些价格让人望而却步的一流作品，而在预算范围内尽可能搜寻好的用于日常使用。

寻找预算内的"好东西"，或者名气不太大但实力不凡的人，需要相当好的耐性与品味。这需要你抛却"有名与否""价格高低"的标准，只依据自身感受到的"喜欢""这太棒了"这类感觉进行判断。

想要培养这种判断力，订购专业杂志、利用网络检索、收集相关信息都是很有必要的。此外，多多鉴赏著名艺术家的作品，提升见识，也有助于让你发现"实力派"，自然而然地做出"这个人明明这么优秀，一定是因为知名度不高，作品的价格才这么亲民"这样的判断。

美感是最好的家教
子どものセンスは夕焼けが作る

美感好习惯

子どものセンスは夕焼けが作る

　　怎么在有限的预算内最大化地培养美感呢？下面是几点小建议：

- 好品味的核心不在于奢侈品的堆积，而在于搭配上的平衡。
- 参加过大赛但落选的乐手或演奏家一样实力超群，他们的音乐会虽然人少，品质却很高，观众的体验感会比观赏大型演唱会或名人的音乐会时更高。
- 平时多多鉴赏著名艺术家的作品，保持敏锐的感知力，寻找自己预算内"最好的"作品，这比因为价格高昂无法负担而选择复制品要好得多。

美感是最好的作家
子どものセンスは夕焼けが教える

第 10 章

善用嫉妒心

第 10 章　善用嫉妒心

没有嫉妒会很轻松

从我自身的经验来说，无论做什么事，越是全情投入，越会在意与他人的差距。想要整理房间时，就会羡慕住在宽敞明亮的房子里的人；全力以赴地练习钢琴时，便会羡慕琴艺精湛的人。然而，在现代社会，我们总是会通过电视或杂志等媒体，不断地被动接受着这些拥有丰富物质生活与卓越才华的人的消息。

我们总会不由得被他们闪闪发光的那一面所吸引，心生艳羡。然而，一旦我们被这些信息影响，产生"和他相比我就……""我和他的差距太大了"之类的消极情

美感是最好的家教
子どものセンスは夕焼けが作る

绪，反而会丢失原本更加重要的东西。

即便是日本最成功的音乐家之一、维也纳爱乐乐团的指挥小泽征尔先生，在年轻时也因嫉妒他人而遭受内心煎熬。在他与广中平佑合著的作品《具备一颗柔软的心》中，他讲述了一段故事。

为了成为一名指挥家，小泽先生就读于桐朋学园。有一段时间，勤学苦练、上进好学的他，由于感染了肺炎而无法上学。

"虽然不能上学让我十分难过，但最让我无法忍受的是看到同伴逐渐开始工作，还出现在了电视和广播节目里。那段时间真的很煎熬。"

当时，小泽先生正处在疗养阶段，每天行走一小时都需要竭尽全力。由于做不了其他事，小泽先生只能看电视作为消遣。电视上可以看到刚刚出道的岩城宏之先生以及外山雄三先生的演奏会，而岩城先生与外山先生正是和小泽先生同期学习指挥的好友。

"我不知道自己的病能不能完全治好，再加上我已经半年没有活动过，更别说指挥了，那时候我真的很忧虑。"

唤醒郁闷的小泽先生的，是他爸爸的一句呵斥："嫉妒心是人最大的劲敌，伤害力极强。"

第10章 善用嫉妒心

听到这句话,小泽先生首先想到的是:"我一定要摆脱自己的嫉妒心。"虽然嫉妒心很难完全消除,但如果努力,还是能够成功克服的。

他成为指挥后的每一天都十分忙碌,有做不完的事。如果这时还总是在意别人的成功,就会分散时间和精力,造成莫大的损失。小泽先生认为,多亏自己调整好了心态,才不至于落入这种境地,真是受益良多。

也许嫉妒心和竞争意识是人类与生俱来的生存本能。虽然我们无法控制这种情绪的产生,但我们可以充分利用自身的条件,不遗余力地付出努力。这样的心态对于克服嫉妒心十分重要。

小泽先生回忆说:"没有了嫉妒心,我不知道比以前轻松了多少,并且收获了很多朋友和快乐。"

身体疗养结束后,小泽先生在法国政府的公费留学生考试中落选了,但他没有因为钱而放弃,竟然想到了能在欧洲学习指挥的奇招。

首先,他只花了很少的钱坐货轮到法国的马赛港,再从马赛港骑摩托车只身前往巴黎。

然而,当时的他并没有钱购买摩托车。因此他跑遍了整个东京,终于成功地向富士重工借到了一辆摩托车。

美感是最好的家教
子どものセンスは夕焼けが作る

登上马赛港后,他头戴白色头盔,身背吉他,骑着画有日本国旗的摩托车,历经 14 天,终于到达了巴黎。

参加指挥大赛时,他因为手续不全而错过了报名的截止日期,但是小泽先生没有放弃,而是立刻前往日本大使馆寻求帮助。在得知日本大使馆帮不上忙后,他又立刻找到美国大使馆。

多亏了美国大使馆一位胖胖的老太太(实际上她以前是小提琴家)打电话给大赛的主办方,才帮他争取到了参赛资格。最终小泽先生赢得了比赛,由此顺利开启了指挥生涯。看到了他的行动力,我又一次感受到,那些花在羡慕别人或是闷闷不乐上的时间和精力真是一种极大的浪费。实际上,育儿也是这个道理。

我女儿在一岁前吃得很少,不管我怎么努力给她做辅食,她都不吃,都会剩下。因为女儿的体重低于平均体重,在健康中心检查时也经常会被护士提醒,这让我不由得有些担心。而且,我总会听到身边的其他妈妈说:"我家孩子胃口太好了,都要超重了。"这让我不禁懊恼地想:"难道是我做的辅食不合孩子的口味?"然而,有一天我产生了这样的想法:"对孩子来说,自己明明不想吃,却因为没有达到平均体重就要被强迫着非吃不可,这也是一种折磨吧。"

"如果有 100 个同月龄的婴儿一起称体重，总会有一个是最轻的。"

"事实上，我做了该做的事，但孩子的体重仍然低于平均值，这并不是我的养育方式有问题。"

"总之，先鼓励她多吃自己喜欢的食物，我尽自己所能为她做，之后的事就交给她的食欲了。"

自那以后，我刻意不去过多关注女儿的体重。

女儿两岁后突然食欲大增，饭吃得多了，身体也变得强壮了。虽然为了及时发现疾病而重视平均体重很重要，但是无谓的比较只会让人心神不定，实在没有必要。

不是好，而是精彩

不管是歌曲、钢琴、绘画还是食物，大家或许总会在不经意间以"好""坏"来划分。

我就是这样。不管是什么事，心里总有一条评价好坏的线，把最擅长的人排在顶端，以此类推，把表现不好的人排在末尾。自己弹琴时会想"刚才弹得挺好""最近练习太少了,弹得不好",听到别人弹琴也会想"那个人弹得不错""这个人的演奏水平大概介于某某两位乐手之间吧"。我总是会不经意地进行非黑即白的评价和比较。

按照这个说法,专家就都是"高手",小孩就都是"菜鸟"了。由此还会出现"高手"排行榜、"菜鸟"排行榜……成为老师后,我见到有的孩子虽然技巧不是很好,但演奏时魅力十足。对此,我一直觉得很奇怪,却没找到合理的解释。

成为音乐专栏作家后,我的工作就是不断地听专业乐手演奏,然后写评论文章。他们的演奏自然都很棒,所以我就需要挖掘更深层的东西,这让我更加关注音乐的品质,比如一位演奏者所营造出的氛围。我逐渐明白,所谓音乐的氛围,是音色、节奏、停顿、结构、地点,以及其他所有要素相融合而产生的结果,是很微妙的存在。

就在这时,我和太田惠美子老师相遇了,我惊讶地发现,她夸奖孩子的画时从来不说"好",而是说"精彩"。的确如此,"好"和"不好"相对应,如果说有"好"的画,那就默认了还有"不好"的画。

我曾经在一个售楼部的样板间听过半专业的小提琴和钢琴演奏。一个30多岁的营业员知道我从事的是音乐

第 10 章 善用嫉妒心

相关的工作,就问我:"今天的演奏者怎么样,演奏得好不好?"虽然我回答他"他们演奏得很好",但心里不禁有些悲凉。这些身着笔挺的西装,在知名建筑公司上班的职业人士,竟然只有"好"或"不好"这么简单的判断标准。

很多人在使用"好"或"不好"这样的词语时并没有恶意,也并不是他们体会不到"漂亮"或"细腻"的感觉,只是由于这样分类更加便利。但是,如果能够更进一步,用"这个人的声音给人温暖的感觉"或"这个人的演奏充满力量"这样的话语来描述就会更加理想。我见过的大多数音乐家在想要称赞一个人的演奏时,也不会使用"好",而是说"精彩"。

小学中年级到高年级阶段,很多孩子会出现突然画不出画,或不愿大声唱歌的现象。这是因为,此时的孩子开始萌生和周围朋友比较的意识,认为"自己不够好"。一旦这么想,孩子就容易落入"不好—不行—难为情—不做"的陷阱中,难以自拔。

但是,也有孩子因此变得更加自信,知道"自己也许在这件事上做得不够好,但是自己还有其他优点",因此一直到高年级还会继续画画、唱歌。

解决这个问题的关键就在于，妈妈要避免在和孩子说话时使用"好"或"不好"这样的形容词。我自己已经慢慢习惯不说"好"与"不好"了，但偶尔还会说"你真厉害啊"这样的话。但我会提醒自己，在夸赞孩子时尽量使用"精彩"或"巧妙"等具体的词汇。

巧用竞争

从某种程度上说，孩子把"成为第一"当成目标是一件危险的事。一旦孩子认为"超过所有人，在竞争中赢得胜利"是自己的使命，那么他在遭受失败时往往很难走出来。

音乐教育界经常出现这样的情况。高中时班级里钢琴弹得"最好"的孩子，在进入音乐大学后成绩却落得近乎末尾。中村纮子曾讲述过一段自身的经历。她是日本具有代表性的钢琴家，是人们口中的天才少女，并在钢琴大赛中屡获殊荣。然而，她赴美留学后，却需要从基础开始重新学起。

就算成为日本第一，走向世界后也会面临更激烈的

第 10 章 善用嫉妒心

竞争。即使目前摘得了世界第一的桂冠，但总有一天会迎来新的王者。

即便没有这么远大的目标，但只要是竞争，就会有让人感到疲惫的时候，这时该怎么做呢？首先，我们要尝试放弃和别人竞争，最重要的不是向别人证明自己有多优秀，而是能够自得其乐。

每当请钢琴大赛的获奖者发表感言时，他们的回答总是出奇的一致："我只是在尽力呈现一场好的演奏，没想到竟然拿到这个奖。"或者说："我最大的竞争对手不是别人，而是自己。"当然，既然参加了比赛，那过程中就一定会有竞争，只不过他们把心理对手设置成自己，而不是别人。

在采访《灌篮高手热血胜利学》的作者、运动心理学专家辻秀一先生时，我提到了这一现象，他告诉我："运动员也是如此。比如铃木一朗和松井选手，他们都是在有意识地和自己竞争，而非他人。"

如果把"取得第一"当成目标，就很容易被别人的表现所影响，增加内心不确定的因素。但是，如果把目标设置为"正式比赛时要放松"，并且把精力集中于此，由于这是自身的问题，不容易受到外界因素干扰，比赛就会更加顺利，更容易取得理想的成绩。

即便如此，想要完全打消同他人竞争的心态是不可能的。但只要我们善于利用，好胜心也有其积极的一面。前提是，我们要尽情享受快乐的竞争，同时避免消极的竞争。

举一个快乐竞争的例子。我女儿每天去上幼儿园，早上到幼儿园门口时需要先在玄关换好室内鞋才能进园，而她从换室内鞋到走进教室要花 5～10 分钟。通常她都会在玄关宽阔的空间开心地跑着绕圈圈，不愿意脱鞋，如果我来帮她脱，她又会吵着说要自己来。

但是，如果在玄关遇见好朋友，他们就会争着抢着当"第一名"，比赛谁先脱掉鞋，然后登上台阶，并以平常三倍的速度奔向教室。此时，妈妈们会一边给他们呐喊助威"两个人都加油呀"，一边欣慰地想"今天又能早些到教室了"。

然而，有一回，女儿看到好朋友在蹦蹦跳跳，她也拼命模仿，却怎么也跳不起来。看到她吃力的样子，我也产生了挫败感。

明明知道自己没必要被这件事扰乱心绪，但我仍然禁不住想："难道是由于我不常带她出去玩才会这样？"这就是一种把自己的孩子同其他孩子做比较的使人不愉快的竞争。针对这种情况，父母再怎么懊恼也毫无益处。于是，我坚定地抛却了这一念头。

一个月后，女儿也能熟练地跳跃起来了。回想曾经为此闷闷不乐的自己，虽然只是短暂的一瞬，但还是觉得自己可笑极了。吸取了这次的教训，在孩子戒尿布的时候我也没有询问周围孩子的情况，就算是停滞期，我也会用"这也是没办法的事"这样的话来宽慰自己，从而轻松地面对。

从小学到中学，随着孩子年龄的增长，在画画、唱歌方面，或是学习力、感知力方面，孩子都会被逐渐划分优劣，被贴上"好"与"不好"的标签或被赋予高低不等的分数。但实际上，音乐和艺术是用来丰富人生的，不是用来比较或竞争的素材。

"快乐竞争"具有重大的意义，同时，我始终谨记不要让孩子落入"消极竞争"。

把"打针"变成"泡芙"

话说回来，嫉妒和好胜是人类的本能，越是全力以赴地投入一件事，就越容易产生这样的情绪。想要完全消除它们是不可能的。因此，与其倾力克服，不如将其遗忘来得更加聪明。

但是，想要忘记也并非易事。钢琴家小川典子小姐曾在著名的利兹国际钢琴比赛中荣获第二名的好成绩，目前定居伦敦，并在世界各地从事演奏活动。在接受我的采访时，她曾经说："如果参加比赛时发挥不理想，最好大玩一场来转换心情。"确实，及时"转换"十分重要。

关于"转换"的秘诀，我曾经从钢琴家中井正子小姐那里学到一招。在协助中井小姐构思她的留学记《巴黎的香味，梦中的钢琴》时，我曾听她说起自己从重重难题中脱身的秘诀，就是"遇事不纠结，立即转换思路，从能做到的事情开始逐一攻克"。

中井小姐自17岁起就在巴黎音乐学院留学，留学之初可谓问题不断，十分辛苦：先是找不到住处，不得已在酒店租住了三个月；进入学校之后，发现同学接受过的音乐教育远比日本先进；第一次一个人住，还要自己做饭，而且还要面对语言这个巨大的障碍；雪上加霜的是公寓楼上的太太抱怨她的钢琴声音太吵，导致中井小姐每天只有两个小时左右的练习时间，而那时因立志成为钢琴家而来

第 10 章　善用嫉妒心

到巴黎音乐学院求学的学生们，每天都要至少练习五六个小时。

好不容易来到法国学习钢琴课程，却无法进行练习，再加上难忍孤寂与懊悔，那时的中井小姐每晚都会以泪洗面。这是留学生都要面对的问题，据说，不少人因此患上了神经衰弱，或者依靠谈恋爱来逃避困难。幸好，中井小姐没有让自己一直哭泣下去。

中井小姐转换心情的契机，是她想起了在日本时饲养的一只名叫"皮卡"的黄背绿鹦鹉。

皮卡总会在中井小姐弹钢琴时站在她的肩上伴着琴声一起唱歌，它是她珍贵的朋友。在中井小姐留学前夕，它因意外而死去了。

中井小姐心想："我难道不是为了成为钢琴家才到法国来学习音乐的吗？皮卡也一定不希望我就此消沉。我绝对不能在这里止步不前。"于是她转换了心情，开始逐一处理她所面对的问题。

首先，她开始找便于练琴的新住处。在找到新公寓前，每天只能练琴两个小时，那就集中注意力充分利用这段时间，不能弹琴时就专心读谱或者学习法语。偶尔为了转换心情，她会去上踢踏舞课，或者到卢浮宫博物馆去散散步。

虽然仅在找公寓这件事上就花了好几个月的时间，但留学一年之后，她的法语已经相当流利，便于练琴的住处也已经收拾好，生活可谓渐入佳境，她终于能够安心学习了。

每当我无法控制自己的情绪时，就会想起中井小姐的话，提醒自己要去转换心情。我会先尝试转换视角，去做其他事情，比如打扫、下厨、散步或购物、看电视，做什么都行，尽量将注意力倾注在别的事上，直到心情变得轻松。如此一来，说不定脑海中还会浮现出这样积极的想法："话说回来，也许试试这个也不错！"找其他人倾诉也是不错的选择，但要尽量长话短说，适可而止。

打疫苗时，女儿会因为痛而大哭，这时我就会使用"转换"的技巧。我会先安抚她说："很痛吧？你好棒！好棒！"之后接着说："你今天太勇敢了，我们去买泡芙吃吧？"女儿会立即止住哭声，回答我："嗯。"

这时候我会马上接着和她说："真的好想快点吃到泡芙，要买几个回家呢？要不我们走着去泡芙店吧。"就这样，她的大脑从打针时的状态切换到想要吃泡芙的状态，这时女儿就会兴奋地边跑边说："去买泡芙喽！"我想，这也是一种"转换",我开始懂得其中的秘诀。

并非培养了就能成才

现在回想起自己以前的一些想法,我还会忍不住觉得好笑,大学时我曾经认真地想:"将来如果生了女儿,不管她有没有才能,都要让她在最好的环境中成长。从3岁开始就要到汇聚了日本最优秀的孩子的音乐教室去学习。"我心里好像有一种莫名的期待,觉得只要给孩子提供好的环境,她就能有好的成绩。

但自从成为音乐专栏作家,采访了不少音乐家后,这一点微弱的期待便开始逐渐碎裂。因为听过的很多故事都不断地告诉我:不管父母如何努力,孩子在多么有名的学校,如果没有天赋,要想达到这般出类拔萃的水平绝不可能!

一个钢琴家,从小学开始,几乎每首曲子都可以在第一次看到乐谱时就当场弹奏。一个贝斯手,高中时买了一台贝斯后立刻就会弹,一个星期之后已经能站上舞台进行收费演奏了。一个鼓手,第一次听到CD就随着音乐敲鼓，在曲子结束之前，敲出来的节奏已经能完美地合上拍子。这些都是我采访过的日本音乐家的真实故事。

自己的想法与这些音乐家的认知确实无法相提并论。但老实说，这中间的鸿沟让人始料不及。原来在专业人士的世界中，几乎尽是天赋异禀的人。

更不必说，音乐家都特别热爱演奏，因此他们都具有极强的专注力。那些被爸妈强迫着、无法集中精力练习的孩子自然不是他们的对手。

除非孩子具有超越常人的才能，否则，我认为最好还是把音乐作为一种兴趣，不参与竞争。这样孩子才能享受过程，有更多的收获。不然，就算他立志成为专业选手，为此不惜倾尽全力咬牙练习，将来也未必能有所成就，而且总是想着竞争，容易让人以一种"希望被人称赞"的状态来演奏，这时心情会通过音乐传递出来，听的人也会觉得无趣。

鼓励孩子学琴时，不妨这样去想，把"享受在家中的练习过程"作为初始目标，遵循这一要领，如果孩子最终走上了专业之路，那实属幸运，如果没有，也绝非憾事。事实上，绝大多数音乐家都表示，并不期待自己的孩子成为音乐家。这或许是因为他们比谁都清楚，能否培养出音乐家，是不会以他们的意志为转移的。

第 10 章　善用嫉妒心

最近日本涌现出许多"二代"音乐家，比如爵士乐界就有女子爵士乐钢琴家、先锋乐手秋吉敏子的女儿——歌手 Monday Michiru（曾用艺名秋吉满），还有长期活跃于美国爵士乐界的小号手日野皓正的儿子——贝斯手日野贤二等。但他们都不约而同地选择了和父母所选不同的乐器。由此也可以看出，即使是培养"二代"音乐家，比起进行严苛的斯巴达教育①，更有效的方法是为他们提供一个充满音乐的环境。

一定有许多读者会想："那又如何，仍然有人进行斯巴达教育。"

例如，小提琴家五岛绿的母亲五岛节，就以冷酷的斯巴达教育而闻名。但是五岛家的情况也有其特殊之处，极具音乐才能的母亲确信女儿也有很高的天分，因此她为了让女儿走上职业道路而不惜孤注一掷。

通常，在坊间流传的大多是成功人士的故事，但不可否认的是，这背后有相当多的人，因为没有达到想象的结果而追悔莫及。如果没有周详的计划和心理准备，不建

---

① 斯巴达教育原指一种以军事训练、体育锻炼和政治道德灌输为主的教育方式，以培养凶悍的军士著称于世。现多以"斯巴达教育"作为严格而近乎残酷的教育的代名词。——编者注

议采用过度激烈的斯巴达教育,这是我个人在近距离接触和观察专业音乐家之后的真实感受。

将自己的梦想寄托在孩子身上,并替孩子决定他的发展方向,是极不合理的事。例如,虽然孩子在弹奏钢琴方面有才能,但是每次登台表演总会紧张过度,无法支撑一场演出,这样的孩子并不适合做专业钢琴家。相反,对于待在房间里就能完成作品的作家、画家或作曲家,就算有舞台恐惧症也没关系,他们更需要的是极强的独自完成创作的能力。

另外,如果要学习舞蹈,那么双脚呈"外八字",也就是脚的骨架朝外侧开的人更适合练习芭蕾,而双脚的骨架呈"内八字"的人更适合练习日本舞。因此,从身体方面看,个人和某个发展方向之间也有适合与不适合之分。

如果只是为了培养兴趣,那么个性和身体条件并没有太大的影响,不过,在专业的世界里,这些都可能成为决定性因素。但如果不是专家,实在很难判断哪些是有利因素而哪些是不利因素。因此,就算想让孩子深入学习某种才艺,也最好先让孩子多接触各方面的内容,体验更多的可能性,再视他们的学习情况而定。

我曾经想:"不管女儿有没有兴趣,我都要让她早点去音乐教室接受优质教育。"但这个想法现在已经逐渐消失了。唯独在钢琴方面,我想挑选一些我认为最好的教材来教她一些基础,但是如果她不愿意学,我也不会勉强她。

从发展孩子才能的角度出发,我十分重视去发现女儿感兴趣的事物,也在尽力守护她的兴趣。无论是什么,我都希望她能找到自己喜欢并为之骄傲的事情。如果她发现:"就是它!这就是我的最爱!"那么在这之后,我会任由她沉浸其中。到了那时候,我只需要替她找到好老师、购买需要的东西,从精神和物质两方面来支持她就够了。

就算她走上了专业道路,我也希望她不要将此作为与其他人竞争的手段,而是将此作为提高人生"品质"的一种途径,全情投入。保持这样的心态,将来不管面临生病的苦痛、失恋的悲伤,还是退休后的闲暇时光,或者是年老后躺在病榻上之时,这一路走来的丰富经历都会成为她巨大的精神支柱。

拓宽视野的诀窍

如果将精力认真投入某件事情,期待技艺得以提升,

美感是最好的家教
子どものセンスは夕焼けが作る

人们会更容易把注意力集中在自己没做好的地方，而不是表现得好的部分。然而，一旦出现这种心理状态，人就容易陷入自怨自艾的情绪当中。

我在采访因世界一级方程式锦标赛日本大奖赛主题曲《真相》(Truth)而被大众所熟知的融合爵士乐队T-Square 的队长安藤正容时，他提到这样一个观点：

> 录音时，如果总是留意拍子变慢之类的细小问题，听觉就会只聚焦在那一处。这样就无法客观地看待曲子的全貌。

即使是专业的音乐家，如果过度关注细微之处，也会一时之间看不清全局。然而，也正因为是专业人士，他才能察觉到这个情形。

可见，这是人人都会遇到的问题，这时需要拓宽自己的视野，免得错失全局，如果做不到，就会像安藤先生说的："也许几年后才能客观地聆听。"因此，可以尝试借助时间的力量，把事情先搁置一段时间，之后再重新思考。

我也总会发生视野狭窄的情况。越是一心育儿，越会对孩子吃饭的样子、语言措辞、身体状况等极度敏感，如果遇到不顺利或是不满意的状况，就会钻牛角尖地想：

第 10 章 善用嫉妒心

"我到底是哪里做得不对,该怎么办呢?"

比如,我曾经非常困惑:"孩子晚上不睡觉,是哪里出了问题呢?一定是我做得不够好。"然而这个时候,如果你提醒我"你要打开视野",我会认为这只是一句空话。

当我陷入这种状态时,一句干瘪的道理很难起作用,我需要吸收更多信息,让我可以换个角度看待目前的状况。这时候,书籍、漫画、电视或电影会是极好的帮手。

例如,在晚间时段经常会播放以大家族为主题的纪录片。在片中那个有 9 个孩子的家庭里,每天有相当于我们家 4 倍量的衣服要洗,大盘子上摆着十几块炸猪排,客厅里散落着孩子的衣服,还有嘈杂的浴室……光是看着就已经觉得头晕目眩了。我心想:"虽然羡慕他们家这么热闹,但这样的生活实在很辛苦。和这种状况比起来,照顾一两个孩子真的没什么大不了的。"不可思议的是,如此一想,我做家务时竟更加利落了。

冷静地想想就知道,只靠母亲一个人的努力,能够解决的问题很有限。虽然孩子晚上不睡觉、挑食不是什么好现象,但还不至于引发生命危险,也许一段时间后自然而然就好了。这样想来,我立刻轻松了不少。

美感好习惯

子どものセンスは夕焼けが作る

无论做什么事都避免不了和人比较、产生嫉妒心的时刻，育儿更是如此。如何调整这样的心态、善用嫉妒心呢？下面是几点小建议：

- 无谓的比较只会让人心神不定，与其把时间花在羡慕别人或是闷闷不乐上，不如想办法努力提升自己。
- 评价孩子的作品时，不用"好"或"不好"的标准，而是用"精彩""巧妙"这样更具体的赞美方式。
- 音乐和艺术是用来丰富人生的，不是用来比较和竞争的素材。既然人的一生避免不了竞争，那么与其什么都争第一，不如把战胜自己当成每次竞争的目标，体会"快乐竞争"的意义。
- 失败不可避免，及时转换注意力有助于避免陷入自怨自艾的恶性循环。

美感是最好的
子どものセンスは夕焼けが教える
作家

第 11 章

保持平静的心情

第 11 章　保持平静的心情

紧张的话就大笑一下

就算接触同样的事物、听同样的声音，由于当时的专注程度不同，吸收的内容也会大不相同。不过，无论怎样向孩子反复强调"要集中精神"，恐怕效果都不好。但是如果发生了有趣的事，使他们精神放松，他们反而能自然而然地集中精神。

下面我想介绍几个由"笑"引发专注的小故事。

在我对采访工作还不熟练的时候，每次见到采访对象，我都会紧张得心脏"咚咚"直跳，内心不安地想："今天能顺利做好采访吗？"当我第一次见到身为作曲家、

美感是最好的家教
子どものセンスは夕焼けが作る

钢琴家，并且活跃于乐坛的盐谷哲先生时，由于他一直是我十分尊敬的人，我心里的紧张更是不可名状。

盐谷先生被誉为"钢琴界贵公子"，处处流露着贵族气息。他天资过人，一次就考上了门槛极高的东京艺术大学。访谈一开始，我就认认真真地向盐谷先生提问，他却回答道："哎呀，大概是因为我上辈子是巴黎人吧。"接着他又说了很多类似的有趣的话，让我不禁捧腹大笑。这已经是十多年前的事了，我早已记不清楚他那时说过的话，但对笑得肚子疼的那一幕记忆犹新。大笑之后缓过神来才发现，原本十分紧张的我，在不知不觉间就放松下来，像和朋友聊天一样顺利地完成了访谈。

当时我的内心十分庆幸，想着："盐谷先生不仅成就颇丰，还是个亲切又有趣的人。"现在回想起来，当时盐谷先生也许是发现了我内心的紧张，想帮我舒缓情绪吧。

还有一回，盐谷先生远赴中东地区举办巡回演奏会。我去听了一场他回国后的演出，精彩极了。

在演奏的间隙，会场播放了他在中东地区进行巡回演奏期间拍摄的照片。前一张是以庄严而古老的遗迹为背景，他和当地的民族乐器演奏者共同演奏的感人画面，后一张突然放出盐谷先生啃着红豆馒头（日文发音为 An-

第 11 章　保持平静的心情

Man）的样子。盐谷先生指着画面开心地说："我在安曼（Amman）吃了 An-Man！"他的话引发现场笑声阵阵，我也忍不住大笑起来。

随后，曾在中东和盐谷先生一起表演过的著名的民族乐器演奏者伍德登上舞台，他们一同演奏了一首钢琴协奏曲，呈现了一场难得一见的精彩演出。那乐曲直到现在还萦绕在我耳边，神秘而悠扬。我猜想，我之所以能够专注地沉浸于演奏中，很可能是因为先大笑了一场，精神彻底放松了下来。

不只是盐谷先生，很多音乐家都会在音乐会的乐曲间穿插有趣的话题来逗听众发笑。只有古典音乐的演出情况比较特殊，在演奏过程中音乐家很难有和听众对话的时间。至于其余那些我常去听的现场演奏，不但演出精彩，而且在每首曲子之间的谈话也是妙趣横生。当然，演奏始终是一场演出的核心，只要拿起乐器，演奏者的脸上马上就会浮现出让人肃然起敬的专注神情。

我很清楚，对于音乐家来说，现场演奏会不仅是一个允分展现自己才能的机会，同时也允满挑战。精彩的演奏会引发热烈的掌声，而枯燥的演出只能换来稀疏零散的掌声。因此每个人都会全力以赴，将所有精力都倾注在演奏上。

为什么如此认真，还要刻意加入谈话的片段逗观众笑呢？因为音乐家深知，让观众开心大笑之后，可以缓和会场的气氛，提高观众的专注力。持续的紧张会让人疲惫，导致注意力也有所下降。正因如此，演奏者才要特意营造出"认真聆听— 听笑话放松—再认真聆听"这样一张一弛的变化。

有过几次这样的经历之后，我也发现，笑过之后心情与身体都变得轻松了，注意力也集中了。而且同样是笑，小声地笑远远比不上开怀大笑效果好。于是我想，这个方法应该也可以运用在育儿方面。

虽然我不想总是把"动作快一点""妈妈说的话要认真听"这些话当作口头禅，但偶尔还是会一不小心说出口。虽然这样的情况在所难免，但由于总是挨骂，女儿一定累积了不少压力。如果孩子习惯了挨骂，这也是一个棘手的问题。为了避免这个问题，我开始试着逗她笑。

然而，"逗她笑"说起来容易，做起来却很难。该从哪里开始呢？这时，我突然对那些平时在电视上看到的让我觉得"总是在说无聊笑话"的艺人肃然起敬。

无论如何，我先试着"咯吱咯吱"地给她挠痒，她

第 11 章　保持平静的心情

除了在心情不好的时候没反应以外，一般都会笑起来。我们还会玩"好高好高"或"飞机飞啊"等活动身体的游戏，效果也非常不错。但总是这样，不光我的体力吃不消，女儿也容易厌倦。这时候我们会玩换歌词的游戏。其中，女儿最喜欢"圆圆的鸡蛋，'啪'的一声碎掉了"这句歌词，我故意把"'啪'的一声"换成"'咚'的一声"，女儿听了开心极了，简直笑得眼泪都流出来了。

另外，我还把女儿喜欢的《纳豆唱游歌》里的"水户纳豆""小颗纳豆"换成"某某纳豆"等女儿朋友的名字，或者变成"妈妈纳豆""爸爸纳豆"，这也会引得她一阵爆笑。原来，替换歌词也很容易逗人笑。

当搞笑艺人的口头禅"吼"流行时，我也会试着模仿，在换衣服时说："换衣服啦！吼！"在上厕所时说："上厕所啦！吼！"在吃饭时说："吃饭啦！吼！"女儿也十分配合，会跟着我一起兴高采烈地喊起来。写到这里，我自己都觉得难为情，不过，正是这种看似毫无意义的事，会有出乎意料的有趣效果。

然而，同一个笑话讲太多次就没有效果了，所以我必须源源不断地想出新点子。想要逗人发笑，着实不易。

当女儿情绪低落的时候，就算用一些无聊的方式，只要能够逗她笑，安抚她的情绪，她就会好好地吃东西或者换衣服，也能更轻松地做自己该做的事情。

前几天我们从幼儿园走回家时，女儿说："我走累了，抱抱！"我立刻连唱了好几首自己替换了词的歌，逗得她开怀大笑，她重新恢复了精神，最终还是自己走回了家。

这么说来，我想起自己曾经为了采访而参观过小学的音乐课，我发现许多老师都在刚开始上课时让学生跳舞、玩耍、游戏，这样的课堂设计就是为了给孩子们制造一段快乐游玩的时间，先让他们放松心情。的确，通常在这之后，孩子们唱起歌来的声音十分悠然自得，动听极了。

重视日常用品

再和大家分享一个我刚成为音乐专栏作家时的故事。有一段时间，我对"采访时该穿什么衣服"非常烦恼。因为那时自己没有高级的名牌服装，总担心自己的服装会与采访对象或场合格格不入。于是，我渐渐养成了习惯，会

第 11 章　保持平静的心情

特别留意这些音乐家在舞台、后台或自己家中的穿着。

女性钢琴家出现在舞台上时,总会穿着华丽的长礼服。歌手在电视上表演时也大多身着造型师搭配好的完美服装。不过,下了舞台之后依然"一身名牌",或者全身上下的衣服都是流行款式的人,竟然十分少见。他们几乎不穿高级或知名品牌的服装,反而最重视"个人喜欢与否"或者"是否适合自己"。

音乐家的居所也一样,有气派的豪宅,也有没那么豪华却十分雅致的房子,喜好各不相同。如果你以为音乐家的房间里一定"摆着意大利沙发和英国家具",这说明你真的是杂志看多了(当然,这种情况也的确存在),事实上,我见过的大部分房间都汇聚了主人"喜欢的家具"。房间里最让人注目的并不是"哪里生产的高级家具",或者"干净清洁,整理得一丝不苟",而是处处展现着主人的独特审美。

看到这样的房间,我也渐渐感到:"家里用的东西是不是高级或新品都没关系,只要自己喜欢,生活在其中就很幸福。"

从前,我总会不断削减日常支出的预算。就像日本人典型的消费习惯一样,在"日常"用品上节省,投资于

"正式"场合。不过,通过观察音乐家"平常的样子",我的想法改变了。我开始觉得,日常用品最好也选择自己喜欢的东西。我试着减少"正式"的预算,增加"日常"用品的预算。我开始搜罗价格合理的家居服,并把参加婚宴时收到的盘子拿出来以备日常使用。

无论是衣服、室内设计还是餐具,一旦眼光高了,就很容易看中价格不菲的东西,所以想要找到价格合适又喜欢的东西就变得很困难。但是在预算范围内找到喜欢的东西,虽然困难却很值得,同时也是锤炼美感的好机会。虽然不是什么特别的东西,但对自己来说不可取代。虽然不是高级物品,但只要自己喜欢,被它们包围着就很幸福。

在为女儿挑选平常穿的衣服时,这种想法也大有用处。她正处于爱画画、爱玩沙子的年纪,我不想因为她弄脏衣服而迁怒她,所以我会尽量给她选择那些即使脏了也不觉得可惜的价格的衣服。虽然在意价格,但我绝不会在颜色、设计和材质上妥协。我倾尽全力寻找在预算范围内的让人满意的衣服。不爱逛街的人也许很难理解,其实多逛童装店或看童装宣传单很有趣。

第 11 章　保持平静的心情

要适时地鼓掌和赞美

T-Square 乐队的鼓手则竹裕之先生曾经参与叶加濑太郎先生的"IMAGE"系列专辑的现场演奏，并且在流行音乐、爵士乐、古典音乐等众多领域都很活跃。我曾经和他一同参加过一个面向业余鼓手的讲座。

在这个讲座中，有一位参与者在听到"有谁想上台演奏"这个提问后就举手上台进行演奏。在这位参与者摇着铜钹"锵"的一声结束演奏的瞬间，则竹先生脸上浮现出笑容，一边赞叹"好啊"，一边开始拍手。看到则竹先生的反应，聆听演奏的参与者们仿佛有些迟疑，慌乱间也跟着拍起了手。

我当时也十分惊讶。业余人士为专业演奏鼓掌是理所当然的，专家为业余乐手这般费力地拍手喝彩却不多见。这让我认识到，鼓掌的意义可以是对"精彩"表现的赞赏，也可以是对"全力以赴"者的敬意。

此后我才知道，演奏家们进入录音室后，当独奏结束时其他人一定会高喊"好"并鼓掌。也可以说，这就像是一种礼节。

后来，我经常会回想起这次讲座，当女儿认真努力

美 感 是 最 好 的 家 教
子どものセンスは夕焼けが作る

地完成一件事时，我会毫不吝惜自己的掌声。她第一次学会自己上厕所时，我们就在厕所里高喊了三声"万岁"，还玩了拍手喝彩的游戏，好不热闹。

不可思议的是，当我开始以拍手表达喝彩后，夸奖别人就变成了一件非常令人愉快的事。我在教成年人弹钢琴时，如果他的状态很好，比如能够完整地弹完一首曲子，我就会一边高兴地喊着"太棒了"一边为他鼓掌。这时，学生虽然嘴上会谦虚地说"都是因为老师教得好"，脸上却笑开了花。

另外，在和女儿一起看电视上或DVD中的音乐家演奏时，我们会一边说着"大哥哥好努力啊""太精彩了"之类的话，一边两人一起鼓掌。如果一个人在电视机前拍手，不免让人感觉有些奇怪，但是母女俩一起拍手会更加开心。这也许是因为，能够分享彼此的心情本身就是一件让人愉快的事。

我想，在日常生活中，当看到有人努力做事时能马上为他鼓掌，这是很友善的行为。不过，虽然鼓掌这个动作并不难，但如果时机稍有偏差，就会显得突兀，因此对于这一点要十分注意。但反过来说，在恰当的时机鼓掌，就能很好地传达出你对对方一言一行的关切。

第 11 章　保持平静的心情

实际上，鼓掌并不会对自己造成任何损失，也几乎不会有人因收到掌声而感到不快。不仅如此，这样做反而会令鼓掌的人收获好心情。所以在日常生活中，如果遇到令我感动的事情，我会当场拍手叫好。

尽量不说"不行"

每个人收到赞美都会容光焕发，收到负面评价都会失落。这种心情会对很多事情产生影响。

我曾经跟踪采访过是方博邦先生录音的过程。是方先生是电视节目《酷炫乐团天国》的常任评委，同时担任《塔摩利的音乐就是世界》这个节目的乐团教练，他以雄浑的演奏而闻名，是一位炙手可热的吉他乐手。

每当是方先生把自己写的乐谱拿到录音室，想邀请鼓手、贝斯手以及键盘手等其他乐手演奏时，他会先礼貌地询问他们："可以帮我表现出这种感觉吗？"在得到肯定答复后，他再请他们弹奏。是方先生告诉我，如果遇到伙伴们弹出的音乐和他自己想象中不同的情况，他绝对不会说"刚才这样不对""不是那样"这一类的话。

他说："如果对方听到'不行'这种否定的说法，内心或许会感到不安。这种情绪会通过声音表现出来，通常会令演奏越来越糟糕。"

那么，该怎么说好呢？

是方先生会说："嗯，刚才那样也很不错。那么，接下来我们来试试另一种感觉，你这样试试可以吗？"

他会像这样根据自己想要表现出的那种感觉，逐步修正对方的演奏路线。

是方先生是让"Session"[①]这个成员不固定的现场演奏会形式日益广为人知的资深乐手。我想，他也正是因为需要与许多不同类型的音乐家顺畅地建立合作，才在这个过程中自然地养成了以"刚刚那样也不错，那我们来试试不同的感觉"为基础，以换位思考为前提的沟通方式吧。

以第一名的成绩毕业于李斯特音乐学院的作/编曲专业，目前定居纽约，活跃于世界各地的知名爵士乐钢琴家小曾根真先生，不仅会弹奏钢琴，同时也担任着大型乐团的指挥。在指挥的时候，虽然需要对团员明确指出"你应

---

①Session：乐手与乐队临时合作的一种团体形式。有些音乐人短期临时为另一个艺术家或乐队伴奏，但不是乐队或团体的固定成员。——编者注

第 11 章 保持平静的心情

该这样做""你应该那样做",但据说他绝对不会贸然说出"你这样不对哦"这句话。

即使是听到团员吹出的音和乐谱不一致,他也只会说:"我想确认一下刚刚你吹的那个音,在乐谱里是怎么写的?"他会像这样先再次确认乐谱的内容,因为在大型乐团中,不同的乐器会使用不同的乐谱,的确有可能出现音符不同的情况。小曾根先生说:"首先,要预设出错的不是对方。"我想,这样一来不仅可以保护演奏者的自尊心,也一定有助于提升彼此的信任感。

正当我佩服不已时,小曾根先生笑着说:"真的,有时确实是乐谱出了问题。"

许多音乐家的自尊心很强,会非常容易受伤。除了音乐,他们几乎一无所有,因为他们通常是把一生都用在了追求音乐这条道路上。他们发出的声音是音乐,更是他们人生的缩影。因此,如果对他们的音乐做出负面评价,这将会对他们造成怎样的伤害,小曾根先生一定对这一点一清二楚。

由此我想到,太田老师也是如此。她曾说过:"如果在学生选择颜色时提醒他们各种各样的注意事项,他们的用色就会犹犹豫豫,最后画得一团黑。因此,我通常会在学生动笔之前把注意事项和知识点讲完，他们开始画之后就不再重复了。"

因为想起了这些故事，我一直提醒自己要像他们这样做。只要时间允许，我尽量不和女儿说"不行"，而是会问她："你看你看，这样可以吗？是圈圈，还是叉叉？"然后静静地等待女儿自己告诉我"是叉叉……"。

有一天，正在吃饭的女儿故意握着筷子，对我说："这是宝宝握筷法。"似乎是因为幼儿园的老师教过她们，握住筷子的持筷方式叫作"宝宝握筷法"，正常拿筷子的方式叫作"姐姐握筷法"。看到孩子握筷子的方式不标准时，我们总是容易不假思索地说"不是这样"，但其实还可以这样与孩子沟通："这是'宝宝握筷法'，'姐姐握筷法'比较难，你也能做到啊？真是厉害！"这样说就可以保护孩子的自尊心不受伤害了。

这让我联想到一个有趣的发现。通常，音乐家的配偶或恋人都很擅长不着痕迹地夸奖别人。有一次，在音乐会会场，我见到了一位音乐家的夫人，我们有数十年没见过面了，在向她表达问候时，她对我说："之前您提过在写书，进度还顺利吗？我很期待呢。"

她竟然还记得好多年前我们随口聊到的话题，我惊讶极了。这位太太一定知道，对于写作的人来说，作品就像 CD 之于音乐家一样珍贵。她的外形十分美丽，但是我想，真正让她先生倾心的，不只是她的美貌，而是能够认同音乐家敏感的心并且善于给予鼓励的才能吧。

用大喊驱散压力，勇往直前

知名乐团 Casiopea（卡西欧贝亚）有一个惯例，在登台表演之前全体队员会围成一个圆圈齐声高喊"耶耶喔"。Casiopea 从 1979 年出道活跃至今，是日本知名的融合音乐乐团。他们的音乐经常出现在电视新闻或运动节目中，就算没听过 Casiopea 这个名字，你也一定听过他们的曲子。

我作为音乐专栏作家采访过他们多次，在此过程中，我发现了他们在登台前喊"耶耶喔"的习惯。据说，如果有演出嘉宾，那嘉宾也会加入其中和他们一起喊。

当时我对这个做法有些不以为意，之后却逐渐发现，在这句"耶耶喔"中也许蕴藏着极大的力量。

有一次，我担任他们新唱片发售后的巡回音乐会的随行记者。我在采访中问道："音乐会开始前，大家会紧张吗？"我原以为大家都已经是资深音乐人，想必不会出现因为紧张而一上台就脑海空空的情况了，但是他们告诉我，还是会有一点点紧张，心跳也会加速。

听说乐团成员中的键盘手向谷实先生特别容易紧张，以前每当快要登台时，他就开始担心："上台之后要是想上厕所可怎么办？"所以上台前的时间他都待在厕所里。当时的舞台总监总会在即将开场时，一边喊着"还有一分钟就要开场了。小实！小实"，一边到厕所找他。

大家现在确实不会像从前那么紧张了，想必是因为大家一起高喊"耶耶喔"，借此把演出前的紧张感瞬间转化为高昂的情绪了。舞台上的向谷先生总是十分阳光，演奏时技巧纯熟、魅力四射。只要拿起麦克风，他机智的话语就会让全场沸腾。每当看到此情此景，我都会想："很难想象，这样的人还会因为上台演奏而紧张、不安。"

演奏音乐时，情绪是重要的影响因素，因此，音乐家们才要找到能够切实可行地转换心情的技巧，并且融入自身的习惯。

发现这个方法后，我也尝试在日常生活中有意识地发出吼声。早上抱起睡眼惺忪、反应缓慢的女儿时，我会

第 11 章　保持平静的心情

尽可能有力地对她说："早安！"

骑自行车送女儿去幼儿园时，我会一边用力蹬一边大声说："加油！耶——耶——喔！"女儿也会跟着一起喊："喔！"有趣的是，通过给自己助威，原来心里那种"真麻烦"的心情被瞬间驱散，变成了"加油喽"。

因为孩子要早睡，所以吃完晚餐后我们只能悠闲地看一会儿电视，就不得不去给她洗澡了。这时我经常懒得动弹，于是我就会试着喊"去洗澡喽，耶耶喔"来为自己振奋精神。如果觉得女孩子大喊"喔"有些不好意思，也可以试试《胜利女排》这部动画片里的喊声，比如"开始"或是"好"等。

不管心情怎样，在任何时候都能够用精力充沛的声音和大家齐声喊出"耶耶喔"是一个积极的行为习惯。对于孩子们来说，不论是将来上学还是走向社会后，这个做法都一定会一直发挥积极的作用。

建造心灵庇护所

电视和报纸上每天都会传来令人恐惧的新闻，只要想到孩子、家人、将来、健康这些问题，我们心里就不免会出现难以抑制的不安情绪。

孩子们何尝不是如此。女儿会听到别人叫她"笨蛋"，也曾经告诉我某某人打了她。随着她年龄的增长，她的课业也会越来越繁重，还可能和朋友发生争执。

孩子和父母一样，会在日常生活中逐渐积蓄压力。这种时候，他们更需要像音乐、美术等美好、美丽的事物给予他们精神上的力量。虽然为孩子做好储蓄和保险这些准备十分重要，但是千万不要忘记让孩子的心灵汲取丰沛的滋养。

音乐、绘画、建筑、文学、电影……陶醉其中，就如同在梦想的世界中遨游。正因为要面对严峻的现实，借助艺术的力量给自己一段自由的时间就显得十分重要了。

这本书所记载的种种想法的产生，最初是因为我很羡慕那些具有敏锐感知力的人。羡慕其他人，就表示自己也怀着希望成为那样的人的愿望。就算同样是聆听音乐、观赏绘画，有的人只能触及表面，有的人却能够感受更深层的东西。我一直希望自己能感受到事物更深层次的一面。

想象力丰富的人，通常内心拥有可靠的安全地带或避难场所。在每天的生活中慢慢地丰富"感官抽屉",心里的安全地带就会随之越来越宽阔。不管是父母还是孩子,心里的避难场所越安全,越能孕育出克服严酷现实的勇气。

美感是最好的家教
子どものセンスは夕焼けが作る

美感好习惯

子どものセンスは夕焼けが作る

面对生活中的严酷现实，怎样打造强大的内心呢？下面是几点小建议：

- 紧张的时候，听听笑话，做点有趣的游戏，即使是很无聊的小事，也能让人放松下来。
- 选择日用品时，多选"自己喜欢的"而不是"豪华的"或者"流行的"，更能提升幸福感。
- 精彩的表现固然值得赞美，但是"全力以赴"的精神更值得尊敬和鼓励。
- 情绪低落的时候，面对压力的时候，大声喊"加油""耶耶喔"可以产生不可思议的积极力量。

后　记
子どものセンスは夕焼けが作る

"如果不是因为带孩子，很多事情我们永远都察觉不到。"

这是见到纪实文学作家柳田邦男先生时，他对我说过的一句话。在女儿 7 个月大的时候，我将她暂时交给我的父母照顾，去参加了出版社举办的宴会。在六本木全日空饭店的宴会厅现场，我看到推着婴儿车、带着孩子出席的作家吉本芭娜娜小姐和樱井良子小姐。

正当我惊讶地睁大眼睛四下张望时，我发现了柳田先生的身影。为了感谢他在我的上一部作品《苹果不是红色的》中帮我写的推荐序，我立刻起身前去问候。

随后我们攀谈起来，我对柳田先生说："现在光是照顾不到一岁的孩子就忙不过来了，下一本书还什么都没写。"柳田先生以轻松且真挚的口吻对我说："如果不是因为带孩子，很多事情我们永远都察觉不到。"

真是如此吗？我心里半信半疑："的确，开始带孩子之后，有很多事情都是第一次遇到，但是要克服育儿过程中的重重关卡并学到有益的经验，真有这么容易吗？"

后来，当女儿8个月大时，因为找到了合适的幼儿园（日本的幼儿园可以接收6个月以上的婴儿），我也重新开始了工作。在幼儿园里，我有幸结识了一些"妈妈朋友""爸爸朋友"。下雨天，就算浑身都被打湿，我还是拼尽全力接送孩子；我也曾经历幼儿园因感冒肆虐而暂时放假，自己不得不独自带孩子的烦恼；要去远足时，我也会为了制作不擅长的盒饭而努力……虽然每个家长的工作都很忙，大家很少有时间聚在一起轻松地交谈，不过因为几乎天天都会见到，光是想到"大家都一样努力着呢"，我就感到极大的安慰。

每天早上送女儿去幼儿园后，我便出门工作，进行各种各样的采访。很多时候，我都会兴奋不已地想："这个道理也可以用在育儿上，我要从今天开始做起！"到幼儿园接孩子时，我的兴奋劲儿还没有散去，我总是忍不住想要告诉妈妈们："我今天见到某某某了！"但接孩子的过程总是太过匆忙，没有说话的时间。渐渐地，这种想说又没有机会说出来的内容越积越多，我想要向大家传达的愿

后　记

望也越来越强烈。

　　后来我转念一想："如果写成文章，那么大家有时间就可以慢慢看了。"于是我尝试写下了这本书的目录。看了目录之后，编辑笠井麻衣小姐鼓励我："看起来很有趣，要不要认真写写看？"这就是本书诞生的契机。

　　为了积累素材，我特地创办了《培养音乐感知力》这个电子刊物。平时我和电子刊物的编辑、读者之间并没有特别密切的交流，只是每周固定寄发电子刊物，有时写得还不错就会收到读者"今天的内容真有趣"的反馈，偶尔也会收到编辑笠井小姐发来的感想。我们就这样淡淡地保持着联络。但是，也正是这条存在于我们之间的纤细的线，不断牵引着我、鼓励着我，让我逐渐把育儿过程中的所思所想变成了一篇又一篇文章。

　　"如果不是因为带孩子，很多事情我们永远都察觉不到。"也许真是这样。写完了这本书，我着实体会到了柳田邦男先生这句话的分量。蓝天，夕阳，像香蕉一样弯弯的月亮，桌上的鲜花，漂亮的盘子，各种各样的绘本，野村万斋先生的《真是麻烦啊》，堆积如川的现场演奏DVD……这些美好的事物，也正因为并非独享，而是总和女儿一起观赏、聆听、歌唱……才得以留存在我内心深处的吧。

这本书引用了许多我在音乐杂志或网站上发表过的采访稿件。借这个机会，我要感谢在采访过程中遇到的音乐家和各方人士，以及在撰写《苹果不是红色的》这本书时给予我莫大支持的太田惠美子老师，目前为止委托我进行多次采访工作的音乐杂志《即兴乐》、《爵士生活》、《肖邦》、MUSICA NOVA、《教育音乐》，肖邦国际钢琴比赛官方网站，Cyber Fusion Center 网站的各位负责人，音乐专栏作家工藤由美小姐，《培养音乐感知力》这本刊物的各位读者、担任编辑的笠井麻衣小姐。非常感谢各位！

　　由于我先生工作调动的需要，我们即将举家迁往美国加州。为此，不仅女儿需要转学到美国的幼儿园，我也对自己的英文水平十分担心，在日本的工作步调也可能因此受到影响，每每想到这些，我都百感交集。但是，一想到这可能是一个可以增加各方面的"感官抽屉"的绝好机会，我就下定决心积极面对。赴美期间，我希望我的文字工作能以电子刊物的形式继续下去。

　　期待下次的会面，也请各位多多珍重！

未来，属于终身学习者

我这辈子遇到的聪明人（来自各行各业的聪明人）没有不每天阅读的——没有，一个都没有。巴菲特读书之多，我读书之多，可能会让你感到吃惊。孩子们都笑话我。他们觉得我是一本长了两条腿的书。

——查理·芒格

互联网改变了信息连接的方式；指数型技术在迅速颠覆着现有的商业世界；人工智能已经开始抢占人类的工作岗位……

未来，到底需要什么样的人才？

改变命运唯一的策略是你要变成终身学习者。未来世界将不再需要单一的技能型人才，而是需要具备完善的知识结构、极强逻辑思考力和高感知力的复合型人才。优秀的人往往通过阅读建立足够强大的抽象思维能力，获得异于众人的思考和整合能力。未来，将属于终身学习者！而阅读必定和终身学习形影不离。

很多人读书，追求的是干货，寻求的是立刻行之有效的解决方案。其实这是一种留在舒适区的阅读方法。在这个充满不确定性的年代，答案不会简单地出现在书里，因为生活根本就没有标准确切的答案，你也不能期望过去的经验能解决未来的问题。

而真正的阅读，应该在书中与智者同行思考，借他们的视角看到世界的多元性，提出比答案更重要的好问题，在不确定的时代中领先起跑。

湛庐阅读App：与最聪明的人共同进化

有人常常把成本支出的焦点放在书价上，把读完一本书当作阅读的终结。其实不然。

时间是读者付出的最大阅读成本
怎么读是读者面临的最大阅读障碍
"读书破万卷"不仅仅在"万"，更重要的是在"破"！

现在，我们构建了全新的"湛庐阅读"App。它将成为你"破万卷"的新居所。在这里：

● 不用考虑读什么，你可以便捷找到纸书、电子书、有声书和各种声音产品；

● 你可以学会怎么读，你将发现集泛读、通读、精读于一体的阅读解决方案；

● 你会与作者、译者、专家、推荐人和阅读教练相遇，他们是优质思想的发源地；

● 你会与优秀的读者和终身学习者为伍，他们对阅读和学习有着持久的热情和源源不绝的内驱力。

从单一到复合，从知道到精通，从理解到创造，湛庐希望建立一个"与最聪明的人共同进化"的社区，成为人类先进思想交汇的聚集地，与你共同迎接未来。

与此同时，我们希望能够重新定义你的学习场景，让你随时随地收获有内容、有价值的思想，通过阅读实现终身学习。这是我们的使命和价值。

本书阅读资料包
给你便捷、高效、全面的阅读体验

本书参考资料
湛庐独家策划

- ☑ 参考文献
  为了环保、节约纸张,部分图书的注释与参考文献以电子版方式提供

- ☑ 主题书单
  编辑精心推荐的延伸阅读书单,助你开启主题式阅读

- ☑ 图片资料
  提供部分图片的高清彩色原版大图,方便保存和分享

相关阅读服务
终身学习者必备

- ☑ 电子书
  便捷、高效,方便检索,易于携带,随时更新

- ☑ 有声书
  保护视力,随时随地,有温度、有情感地听本书

- ☑ 精读班
  2~4周,最懂这本书的人带你读完、读懂、读透这本好书

- ☑ 课　程
  课程权威专家给你开书单,带你快速浏览一个领域的知识概貌

- ☑ 讲　书
  30分钟,大咖给你讲本书,让你挑书不费劲

湛庐编辑为你独家呈现
助你更好获得书里和书外的思想和智慧,请扫码查收!

(阅读资料包的内容因书而异,最终以湛庐阅读App页面为准)

KODOMO NO SENSE WA YUYAKE GA TSUKURU BY MIME YAMAMOTO
Copyright © 2006 by MIME YAMAMOTO
Original Japanese edition published by SHINCHOSHA Publishing Co., Ltd.
Chinese (in simplified character only) translation rights arranged with SHINCHOSHA
Publishing Co., Ltd. through Bardon-Chinese Media Agency, Taipei.
All rights reserved.

本书中文简体字版由株式会社新潮社授权在中华人民共和国境内独家出版发行。
本书内容未经出版者书面许可，不得以任何方式或任何手段复制、转载或刊登。
版权所有，侵权必究。

图书在版编目（CIP）数据

美感是最好的家教 /（日）山本美芽著；花花美志译. -- 杭州：浙江教育出版社，2021.12（2022.10重印）
ISBN 978-7-5722-3040-0

Ⅰ.①美… Ⅱ.①山… ②花… Ⅲ.①美感－儿童教育－家庭教育 Ⅳ.①B83②G782

中国版本图书馆CIP数据核字(2021)第261320号

浙江省版权局
著作权合同登记号
图字:11-2021-099号

上架指导：家庭教育 / 美育

版权所有，侵权必究
本书法律顾问　北京市盈科律师事务所　崔爽律师

美感是最好的家教
MEIGAN SHI ZUIHAO DE JIAJIAO

[日] 山本美芽　著
花花美志　译

责任编辑：刘晋苏　刘亦璇
美术编辑：韩　波
封面设计：ablackcover.com
责任校对：李　剑
责任印务：陈　沁
出版发行：浙江教育出版社（杭州市天目山路40号　电话：0571-85170300-80928）
印　　刷：天津中印联印务有限公司
开　　本：880mm×1230mm　1/32
印　　张：7.5　　　　　　　　　　字　　数：131千字
版　　次：2021年12月第1版　　　印　　次：2022年10月第2次印刷
书　　号：ISBN 978-7-5722-3040-0　定　　价：69.90元

如发现印装质量问题，影响阅读，请致电 010-56676359 联系调换。